Hajo Neumann

Vom Brandtaucher zur Brennstoffzelle

Hajo Neumann

VOM BRANDTAUCHER ZUR BRENNSTOFFZELLE

Der Kieler U-Boot-Bau
und seine Rolle in der Marinegeschichte

Ludwig

Diese Publikation wird herausgegeben vom Kieler Stadt- und Schifffahrtsmuseum und erscheint begleitend zur seefahrtshistorischen Dauerausstellung »Marine, Werften, Segelsport. Die Geschichte der Hafenstadt Kiel« (ab Frühjahr 2020).

Bibliografische Information der Deutschen Nationalbibliothek

Die Deutsche Nationalbibliothek verzeichnet diese Publikation in der Deutschen Nationalbibliografie; detaillierte bibliografische Daten sind im Internet auf portal.dnb.de abrufbar.

Verlag Ludwig
Holtenauer Straße 141
24118 Kiel
Tel.: 0431-85464
Fax: 0431-8058305
info@verlag-ludwig.de
www.verlag-ludwig.de

Bildauswahl und Abbildungstexte: Doris Tillmann
Alle Abbildungen aus dem Stadtarchiv Kiel/Medienarchiv
und dem Kieler Stadt- und Schifffahrtsmuseum
Objektfotografie und Bildbearbeitung: Matthias Friedemann
Coverentwurf: Eckstein & Hagestedt · Wulff, Kiel
Titelabbildung: Harald Duwe, »Kriegsdenkmal U-Boot in Laboe«, 1984, Öl/Lwd.

Gestaltung und Satz: Inge Schumacher

Gedruckt auf säurefreiem und alterungsbeständigem Papier
Printed in Germany

ISBN 978-3-86935-392-0

Inhalt

Vorwort

Die Anfänge vor dem Ersten Weltkrieg

Wilhelm Bauer und der Brandtaucher 13

Weitere U-Boote aus Kiel: Versuchsboot 333 und »Forelle« 18

Das U-Boot in der Seestrategie der Kaiserlichen Marine vor 1914 22

U-Boot-Einsatz im Ersten Weltkrieg

U 9 und Kapitänleutnant Otto Weddigen: Die Geburt eines Mythos 37

Der uneingeschränkte U-Boot-Krieg als Hoffnungsträger und seine fatalen Folgen 41

Alliierte Gegenmaßnahmen beenden die deutschen U-Boot-Erfolge 56

Kriegsende 1918. In Ehren untergegangen? 60

Entwicklungen der Zwischenkriegszeit

Das »Ingenierskantoor voor Scheepsbouw« und die Germaniawerft: Der U-Boot-Bau geht weiter 69

Das deutsch-britische Flottenabkommen und der offizielle Wiederbeginn der deutschen U-Boot-Waffe 75

Das U-Boot in der Seestrategie der Kriegsmarine 79

U-Boote im Zweiten Weltkrieg

Günther Prien und Scapa Flow: Vom Mythos der U-Boot-Asse ... 87

Das lange Warten. Bordalltag auf deutschen U-Booten ... 91

Die Rudeltaktik und die Bedeutung der Enigma-Schlüsselmaschine für die deutsche U-Boot-Kriegsführung ... 96

Neue U-Boot-Typen und Kleinkampfmittel: Die Suche nach einem Ausweg ... 100

Bombensicher: Der Ausbau der deutschen U-Boot-Basen und der Einsatz von Zwangsarbeit am Beispiel des U-Boot-Bunkers »Kilian« ... 107

Exkurs: Großadmiral Karl Dönitz und »seine« U-Boot-Waffe. Eine folgenschwere Beziehung ... 111

»Aus. Wie konnte es so weit kommen?« Das Kriegsende 1945 in Kiel ... 114

U-Boote in der Bundesmarine und der Kieler U-Boot-Bau der Nachkriegszeit

Neuanfang mit alten Mitteln: Die U-Boote »Hai«, »Hecht« und »Wilhelm Bauer« ... 121

Die U-Boot-Klasse 201. Der schwierige Wiederbeginn des U-Boot-Baus in Kiel ... 129

Enthüllungen und Buchheim-Kontroverse. Eine neue Betrachtung der »Schlacht im Atlantik« ... 139

Export als neues Standbein: Die U-Boot-Klassen 205 bis 210 ... 145

Außenluftunabhängig ohne Atomkraft: Walter-Turbine und Brennstoffzelle als U-Boot-Antrieb ... 149

Ausblick: U-Boote in der Bundesmarine nach dem Ende des Kalten Krieges ... 153

Literaturverzeichnis ... 155

Vorwort

Das U-Boot nimmt in der deutschen Marinegeschichte wie auch der öffentlichen Wahrnehmung eine besondere Position ein: Es dominiert die maritime Literatur, die wenigen deutschen und zahlreiche internationale Seekriegsfilme und es ist die Hauptattraktion vieler Schifffahrtsmuseen. Neun U-Boote kann man alleine in Deutschland besichtigen, ein zehntes soll im Laufe des Jahres 2020 in Sinsheim aufgestellt werden. Die Kieler Förde kann mit einem ganz besonderen Exemplar aufwarten: Das in Laboe aufgestellte Boot entspricht dem Typ VIIC, der im Zweiten Weltkrieg am weitesten verbreitet war und von dem dennoch nur dieses eine Boot unbeschadet erhalten geblieben ist. Die bekanntesten deutschen Seehelden beider Weltkriege waren U-Boot-Kommandanten. Nach Otto Weddigen, der im Ersten Weltkrieg Berühmtheit erlangte, wurden in vielen deutschen Städten Straßen und Plätze benannt. Weit mehr als nach Admiral Reinhard Scheer, dem Flottenchef in der Skagerrakschlacht, der als »Sieger vom Skagerrak« zum Chef der Seekriegsleitung aufstieg. Der U-Boot-Kommandant Günter Prien dürfte auch heute noch der bekannteste deutsche Marineoffizier des Zweiten Weltkrieges sein, dicht gefolgt von Heinrich Lehmann-Willenbrock, den der deutsche Autor Lothar-Günther Buchheim als »Der Alte« in seinem Roman »Das Boot« berühmt gemacht hat. Die Verfilmung von Wolfgang Petersen zählt zu den erfolgreichsten deutschen Kinoproduktionen. Kurz: Das kleine U-Boot überragt das Schlachtschiff im kollektiven Gedächtnis bei weitem.

Dieser Befund ist keineswegs das selbstverständliche Resultat deutscher Seestrategie, im Gegenteil: Wenn das U-Boot heute noch als typisch deutsches Seekriegsmittel gilt, dann hat dies seine Ursache

Am Strand von Laboe, am Fuß des Marine-Ehrenmals, steht seit 1972 ein U-Boot der Kriegsmarine als stark frequentierte touristische Attraktion. Der Maler Harald Duwe thematisierte die Unbekümmertheit der Menschen im Umgang mit der Rüstung und der allgegenwärtigen Kriegsbedrohung in Gegenwart und Vergangenheit, für die in Kiel speziell der U-Boot-Bau steht. (Ölgemälde von Harald Duwe, 1984 © VG Bild-Kunst, Bonn 2020)

eben gerade im Scheitern der deutschen Vorstellung von Seemacht, die das Schlachtschiff zum Dreh- und Angelpunkt der Flottenrüstung vor dem Ersten Weltkrieg erklärt hatte. Die Kaiserliche Marine baute erst spät eigene U-Boote und plante zunächst auch keine größeren Kontingente. Doch als sich im Ersten Weltkrieg die Schlachtflotte als weitgehend nutzlos erwies und der Seekrieg gegen England zum Blockadekrieg wurde, rückte das U-Boot an ihre Stelle mit letztlich fatalen politischen Konsequenzen. Es geriet zum Hoffnungsträger in einem eigentlich schon verlorenen Krieg, ohne dafür jemals vorgesehen oder auch besonders geeignet zu sein. Im Zweiten Weltkrieg geschah Ähnliches.

Vielleicht war es gerade dieser Umstand, das heldenhafte Versagen, welcher den Mythos der deutschen U-Boote begründete. Die Kriegsgegner leisteten jedenfalls auch ihren Beitrag zu ihrer Mystifizierung: Im angelsächsischen Sprachraum unterschied man das eigene U-Boot, welches »submarine« hieß, vom deutschen U-Boot, das man »uboat« nannte. So sollte diese Unterscheidung, die bis heute gilt, damals eine moralische Wertung transportieren: Die »submarines« waren die heldenhaften U-Boot-Männer der Royal Navy (später auch der US Navy), während das deutsche »uboat« ein hinterhältiger, unfairer Gegner war, dem man die Eigenschaften von Seeräubern übertrug. Der Seekrieg war auch ein Propagandakrieg. Die angelsächsische Literatur sowie das Kino der Nachkriegszeit kennen jedoch auch Bewunderung für die deutschen U-Boote und ihre Besatzungen. Das Bild dort ist ambivalent.

Die Erinnerung an die Schlacht im Atlantik, den U-Boot-Krieg im Zweiten Weltkrieg, überdeckt die an den Ersten Weltkrieg und erfüllte in der jungen Bundesrepublik gleich mehrere Funktionen: Sie ermöglichte es den Angehörigen der ehemaligen Kriegsmarine, auch angesichts der Verbrechen des Nationalsozialismus eine Opferrolle einzunehmen. U-Boot-Männer galten als unpolitisch, sie kämpften zudem fern der Konzentrations- und Vernichtungslager. Sie half gleichzeitig, Traditionen und Vorbilder jener Kriegsmarine in die Bundesmarine zu überführen, in der viele ehemalige U-Boot-Kommandanten erneut Karriere machten. Und schließlich erlaubte sie eine unreflektierte, naive Form von Unterhaltung, die von Kriegsberichterstattern und Zeitzeugen zuweilen bis heute auf dem Buchmarkt zu finden ist. Die U-Boot-Waffe der Bundesrepublik spielt in diesem Zusammenhang praktisch keine Rolle, ebenso wenig die Pionierleistung von Wilhelm Bauer mit seinem »Brandtaucher«. Die Geschichte deutscher U-Boote ist heute auf den ersten Blick vor allem eine Geschichte der Schlacht im Atlantik.

Dass dieses populäre Bild höchst unvollständig ist, soll im Folgenden deutlich werden. Speziell die Stadt Kiel ist seit dem 19. Jahrhundert mit dem Bau, aber auch dem Einsatz von U-Booten auf vielfältige Weise verknüpft. Sie prägten und prägen die Stadtgeschichte. Schon im Ersten Weltkrieg verlagerten sich die Prioritäten im Kriegsschiffbau weg von den Großkampfschiffen und es wurden auf Kieler Werften fortan vor allem U-Boote gebaut. Im Zweiten Weltkrieg erfuhren diese Bauprogramme neben erheblich größeren Stückzahlen

Die alltägliche Anwesenheit des U-Boot-Baus in Kiel ist Thema des Gemäldes von Antje Marczinowski aus dem Jahr 1982; Es zeigt die große Werfthalle des Sonderschiffbaubereichs von HDW, wo U-Boote für die Bundesmarine sowie für den weltweiten Export hergestellt wurden. (Ölgemälde von Antje Marzinowski, 1982)

buchstäblich eine neue Dimension, als man versuchte, die Produktion durch große Bunker vor Luftangriffen zu schützen. Deutlich sichtbar, auch lange nach dem Krieg, entstanden gewaltige Bauwerke aus Beton. Ihre Errichtung steht geradezu symbolhaft auch für die Verstrickung der Marine in die Verbrechen des Nationalsozialismus, nicht nur in Kiel: Auf den Baustellen und den Werften mussten Zwangsarbeiter meist unter unmenschlichen Bedingungen arbeiten. Und schließlich waren jene Werften ein Grund für die starken Zerstörungen durch alliierte Luftangriffe, um den Bau neuer U-Boote zu verhindern.

Bis heute nimmt Kiel in der Erinnerung an den U-Boot-Krieg eine zentrale Stellung ein. Neben dem Marine-Ehrenmal in Laboe steht in Möltenort nahe der Stadt seit 1930 das U-Boot-Ehrenmal, welches inzwischen allen gefallenen deutschen U-Boot-Fahrern gewidmet ist und ausdrücklich die Bundesmarine mit einbezieht. Auch im U-Boot-Bau ist Kiel von zentraler Bedeutung: Von den vielen Werften, die im Kaiserreich und in der Zeit des Nationalsozialismus in fast allen deutschen Häfen U-Boote bauten, ist inzwischen nur noch Thyssen Krupp Marine Systems als Nachfolger von HDW in Kiel übrig geblieben. Allerdings hat sich nicht nur die Anzahl der Boote geändert, über welche die Deutsche Marine verfügt. Der Kalte Krieg forderte von ihnen auch andere Fähigkeiten. Die NATO sah sie im Rahmen ihrer globalen Strategie vor allem in Nord- und Ostsee, nicht jedoch im Atlantik. Gleichzeitig waren und sind sie ein begehrtes Produkt für den Export und so werden inzwischen die meisten deutschen U-Boote in Kiel für andere Seestreitkräfte gebaut. Welche Rolle sie in der Deutschen Marine künftig spielen werden, ist schwer vorauszusehen. Das Ende des Kalten Krieges bei gleichzeitiger Ausweitung der Einsätze der Bundeswehr im Ausland veränderte die Anforderungen an die Unterwasserstreitkräfte erneut. Heute sollen sie weltweit in Krisenregionen operieren können. Andererseits hat Deutschland mit der Brennstoffzelle den einzigen außenluftunabhängigen Antrieb ohne Kernenergie im U-Boot-Bau etabliert und vermarktet ihn erfolgreich. Man darf also annehmen, dass die Geschichte der deutschen U-Boote noch nicht zu Ende ist und Kiel dauerhaft mit ihrer Vergangenheit, Gegenwart und Zukunft verknüpft bleiben wird.

Wilhelm Bauer, der den Brandtaucher entwickelt hat, bezeichnete sich auf dem Porträt von ca. 1860 selbst als »Submarine Ingenieur« und versuchte mit aufwendiger Eigenwerbung den Misserfolg seines Tauchboots in Kiel wettzumachen. Eine Würdigung erfuhr er erst, als man auch bei der Kaiserlichen Marine den U-Boot-Bau forcierte und ihn als deutschen Pionier dieser Technik herausstellte und später gar zu deren Erfinder stilisierte.

Die Anfänge vor dem Ersten Weltkrieg

Wilhelm Bauer und der Brandtaucher

Die Erfindung des so genannten Brandtauchers gilt als Beginn des deutschen U-Boot-Baus. Zwar spielten die Erfahrungen der Schleswig-Holsteinischen Erhebung von 1848 bis 1851 eine Rolle, jedoch nicht so, wie man vermuten könnte: In dieser Zeit versuchten die Herzogtümer Schleswig und Holstein, sich von Dänemark zu lösen. Unterstützt wurden sie dabei von Preußen. Dabei zeigte dieser Krieg den Gegnern Dänemarks schmerzlich auf, dass sie einer dänischen Seeblockade nichts entgegenzusetzen hatten. Man könnte also vermuten, dass das Militär nach Alternativen suchte. Aus Marinekreisen stammte die Idee eines U-Bootes als mögliche Antwort auf die Blockade jedoch nicht: Sie dachte sich ein Korporal der königlich bayerischen Armee aus, Wilhelm Bauer aus Dillingen an der Donau.

Bauer diente während des Krieges in verschiedenen Regimentern des Bundeskontingentes, an Land wohlgemerkt. Das Gefecht bei Düppel am 13. April 1849 brachte ihn angeblich auf die Idee, mit einem Tauchfahrzeug unbemerkt Haftminen an gegnerischen Anlagen anzubringen. Vermutlich hatte er dabei zunächst an die Schiffsbrücke gedacht, die den Alsen-Sund damals querte und Sonderburg mit Düppel verband. Bauers Ansatz war schon zuvor in Nordamerika während

Die Abbildung der Leipziger Illustrirten Zeitung zeigt den Brandtaucher vor der Maschinenfabrik und Eisengießerei Schweffel & Howaldt in Kiel an der Rosenwiese, wo er als erstes eisernes Schiff zusammengenietet worden war. 1850 wurde er vom Stapel gelassen und versank bei einem Tauchversuch im Februar 1851 in der Kieler Förde. Die Insassen konnten sich retten, das Wrack wurde erst 1887 gehoben.

des Unabhängigkeitskrieges von David Bushnell verfolgt worden. Um 1800 baute der Amerikaner Robert Fulton in Frankreich ebenfalls ein funktionstüchtiges Tauchboot. Schließlich wurde auch dem Marineausschuss der deutschen Nationalversammlung 1848 der Bau eines U-Bootes vorgeschlagen, doch konnten keine Mittel freigegeben werden. So bekam eher zufällig Wilhelm Bauer ein Jahr später die Chance, eine solche Vision tatsächlich umzusetzen. Ob und was er von den Versuchen anderer Erfinder wußte, muss offen bleiben.

Zunächst arbeitete Bauer in seiner Freizeit an dem Entwurf und ersten Modellen. Er ließ sich sogar in ein schleswig-holsteinisches Regiment versetzen, um in Norddeutschland und damit in der Nähe geeigneter Werften seine Pläne zu verfolgen. 1850 waren sie weit genug fortgeschritten, um sie der Marinekommission in Kiel vorzulegen. Diese war zwar von den von Bauer propagierten vielfältigen Einsatzmöglichkeiten seines Brandtauchers nicht überzeugt. Doch man glaubte immerhin, durch die Existenz eines solchen Tauchbootes den Gegner verunsichern zu können und befürwortete daher die Konstruktion. Bauer wurde es erlaubt, Spendengelder einzuwerben, damals ein probates Mittel zur Finanzierung von Prototypen. Der Auftrag ging im Sommer 1850 an die Eisengießerei Schweffel & Howaldt in Kiel, die das Boot am 18. Dezember 1850 fertigstellte. Das schleswig-holsteinische Generalkommando bewilligte zusätzliche 3000 Mark, da Bauers Spendenaktion nur 2100 Mark erbracht hatte. Die Differenz zum Endbetrag von mehr als 8000 Mark musste die Werft wohl selbst verkraften.

Der Brandtaucher maß 8,07 Meter in der Länge, 2 Meter in der Breite und hatte eine Höhe von 2,63 Metern. Bewegt wurde das Boot von zwei mit menschlicher Kraft betriebenen Tritträdern, die auf eine Schraube am Heck wirkten und zumindest kurzzeitig bis zu 3 Knoten Geschwindigkeit erlaubten. Auch die Rückwärtsfahrt war möglich. Der Schiffskörper bestand aus genieteten Eisenplatten. Ausgestattet mit einem verschiebbaren Ballastgewicht war es eine durchaus fortschrittliche Konstruktion. Ein kleiner Turm am Bug sollte den Einstieg, wie auch mittels spezieller Ledermanschetten das Anbringen von Sprengladungen an gegnerischen Objekten ermöglichen. Es gab ein Flutventil und zwei Lenzpumpen. Die Besatzung bestand aus drei Mann. Der gesamte Innenraum zwischen Kiel und Flurboden diente als Tauch- und Regelzelle. Ein Federdruckmanometer konnte den Wasserdruck messen, woraus sich die Tauchtiefe errechnen ließ. Das Bleigewicht zum Trimmen konnte mit einer Handkurbel horizontal bewegt werden.

Bauer berichtete später, dänische Spione hätten von der ersten Fahrt im Januar 1851 erfahren und dänische Kriegsschiffe seien daher aus der Gegend abgezogen worden. Nach einigen weiteren Probefahrten im selben Monat sank das Boot durch unsachgemäße Bedienung, konnte jedoch wieder gehoben und instand gesetzt werden. Am 1. Februar sank es erneut mit Bauer und zwei Gehilfen an Bord, die sich durch das Turmluk retten konnten. Als Ursache wurde das Ballastwasser erkannt, welches unkontrolliert nach achtern geströmt war und eine Hecklastigkeit bewirkt hatte. Ursprünglich

Das Funktionsmodell (Modellbau Lawrenz, Kiel 1969) zeigt die tauchtechnischen Vorrichtungen des »Brandtauchers« von 1850: Ventile, Manometer zur Druckmessung, zwei Pumpen, eine Anlage zur Lufterneuerung und ein verschiebbares Trimmgewicht.
Das Boot sollte mit Muskelkraft mittels zweier Treträder fortbewegt werden; mit Greifhandschuhen sollten Brandsätze an feindlichen Schiffen oder Brücken angebracht werden.

Das Funktionsmodell eines Tauchboots (Modellbau Sellmer, Kiel 1999) ist der Nachbau eines Vorführmodells, mit dem Wilhelm Bauer in den Jahren von 1853 bis 1855 arbeitete, um Kunden für seine neue Tauchboot-Technik zu akquirieren. 1856 wurde dieser Typ in St. Petersburg nach seinen Plänen gebaut und unter dem Namen »Seeteufel« erfolgreich erprobt.

waren separate Ballasttanks vorgesehen gewesen, die aber aus Kostengründen eingespart wurden. Weiterhin sorgten zu gering kalkulierte Materialstärken für plastische Verformungen am Schiffskörper. Dadurch waren Wassereinbrüche eingetreten. Bauer hatte beim Bau bereits auf dieses Manko hingewiesen, doch hatten die geringen finanziellen Mittel diese Sparmaßnahmen erzwungen. In seiner tatsächlichen Ausführung war das Boot daher praktisch nicht tauchfähig. Es verblieb im Kieler Hafenbecken und konnte erst 1887 bei Baggerarbeiten geborgen werden. Über mehrere Umwege kam es schließlich in den 1970er Jahren nach Dresden, wo es im damaligen Armeemuseum ausgestellt war. Bis heute kann es dort, inzwischen als Militärhistorisches Museum der Bundeswehr wiedereröffnet, besichtigt werden.

Bauer selbst glaubte weiterhin an seine Konstruktion, zumal viele Mängel das direkte Resultat von Einsparungen gewesen waren. Das Ende des Krieges mit Dänemark beendete auch seine Tätigkeit in Norddeutschland. Er kehrte nach Süddeutschland zurück und bot 1852 dem österreichischen Kaiser eine Weiterentwicklung seines Brandtauchers an. Nachdem er dort keinen Bauauftrag erhielt, wandte er sich nach Preußen, England und Frankreich, gleichfalls erfolglos. Erst 1855 konnte er in St. Petersburg für die kaiserlich-russische Marine den Bau eines neuen Bootes beginnen. Am 1. November desselben Jahres war der »Seeteufel« fertiggestellt und absolvierte erfolgreich zahlreiche Tauchversuche. Am 2. Oktober 1856 ging das Tauchboot bei dem Versuch verloren, eine Haftmine an einem Zielschiff anzubringen, was jedoch auf einen Unfall zurückzuführen war. Bauer blieb bis 1858 in russischen Diensten, bevor er nach Bayern zurückkehrte. Er betätigte sich weiterhin als Erfinder und erdachte tauchfähige Kanonenboote, Schiffshebeverfahren und Tauchkammern. Der deutsch-dänische Krieg von 1864 ließ ihn erneut an ein Tauchbootprojekt für das preußische Marine-Ministerium arbeiten, das jedoch nicht verwirklicht wurde. Der Brandtaucher blieb fast bis zum Ende des Jahrhunderts das einzige deutsche Unterseeboot.

Weitere U-Boote aus Kiel: Versuchsboot 333 und »Forelle«

Einige technische Grundvoraussetzungen mussten erfüllt sein, um ein wirklich brauchbares Tauchboot für den militärischen Einsatz zu schaffen, die Wilhelm Bauer allesamt gefehlt hatten: Der um 1880 entwickelte Elektroantrieb konnte ein solches Boot antreiben, jedoch nur kurz aufgrund der damals noch geringen Batterieleistung. Der Sauerstoff für die Besatzung war ein weiterer limitierender Faktor der Unterwasserreichweite. Schließlich fehlten Orientierungsmöglichkeiten unter Wasser wie auch brauchbare Waffensysteme. Die Erfindung des Torpedos und die Entwicklung geeigneter Horchgeräte waren weitere Bedingungen, die in ihrer Gesamtheit erst um die Jahrhundertwende einigermaßen erfüllt waren. So dauerte es lange, bis sich die Seestreitkräfte ernsthaft für dieses Seekriegsmittel interessierten und Bau und Erprobung von U-Booten auf einer professionellen Basis

Erst um die Jahrhundertwende und nach weiteren grundlegenden waffentechnischen Entwicklungen widmete man sich bei Howaldt in Kiel wieder dem Bau eines Tauchboots, das der Marineoffizier Karl Leps entwickelt hatte, hier an Deck des kleinen Bootes bei seiner Erprobung im Ausrüstungsbecken der Werft.

stattfinden konnten. In Deutschland hielt sich die Skepsis indes besonders lange.

1897 wurde unter der Baunummer »333« in Kiel das so genannte Leps'sche Tauchboot gebaut, konstruiert angeblich nach Ideen des deutschen Marineoffiziers Karl Leps und auf eigene Rechnung der Werft. Viel ist über das bei Howaldt entstandene Boot nicht bekannt, es ist auch nicht erhalten geblieben. Die Länge ist mit 14 Metern überliefert und als Antrieb diente ein 120 PS starker Elektromotor, der von Akkumulatoren im Boden des Bootes gespeist wurde. Ein Torpedorohr weist auf die geplante militärische Nutzung hin. Eberhard Rössler bezweifelt in seinem Standartwerk zum deutschen U-Boot-Bau, dass ernsthafte Tauchfahrten mit dem Boot überhaupt möglich waren. Angeblich wurde das Boot Kaiser Wilhelm II. vorgeführt, doch blieb dies folgenlos. Die Marine zeigte jedenfalls kein Interesse und vorerst endeten die Arbeiten Howaldts an Unterseebooten damit. Um 1902 wurde das Boot wohl verschrottet.

Der Durchbruch im U-Boot-Bau fand auf der Friedrich Krupp Germaniawerft statt und wurde von einem Ausländer angeschoben: Der spanische Ingenieur Raymondo Lorenzo d'Equevilley-Montjustin hatte zuvor für den französischen U-Boot-Pionier Laubeuf in Paris gearbeitet. Er trat mit einem Vorschlag an den Krupp-Konzern heran, der dort für Aufmerksamkeit sorgte, nachdem man ihn in Paris abgewiesen hatte. Ohne einen offiziellen Bauauftrag der Kaiserlichen Marine beauftragte Krupp die konzerneigene Germaniawerft mit dem Bau, den man wohl für vielversprechend hielt. Das 13 Meter lange Boot verfügte über einen Elektromotor, konnte zwei Torpedos mitführen und mittels Pressluft ausstoßen. Das Problem der geringen Reichweite wurde dadurch gelöst, dass man das Boot für die Mitnahme an Bord größerer Kriegsschiffe konzipierte. Dort sollte es mit einem Kran ins Wasser gehoben werden. Am 8. Juni 1903 war die »Forelle« genannte Konstruktion fertiggestellt und konnte Probefahrten aufnehmen. Im Herbst 1903 besichtigte der Kaiser das Boot, und Prinz Heinrich von Preußen nahm sogar an einer Tauchfahrt teil. Nach der erfolgreichen Erprobung bot Krupp das Tauchboot der Kaiserlichen Marine an und schlug bereits Verbesserungen vor, die einem größeren Nachfolger zugutekommen würden. Hauptsächlich sollte der Antrieb durch eine Kombination aus Elektro- und Verbrennungsmotor geschehen, wobei man sich für den Petroleum- oder Ölmotor entschieden hatte.

Zu einem Auftrag durch die Kaiserliche Marine kam es auch nach der Erprobung nicht, aber das Zarenreich wurde auf die »Forelle« aufmerksam und Russland bestellte drei Boote von 205 t und 400 PS Antriebsleistung in Kiel. Das Versuchsboot selbst wurde im Sommer 1904 ebenfalls nach St. Petersburg geschickt, wo es im August 1904 Tauch- und Schießübungen absolvierte. Es war vor allem dieser Auftrag, der im Reichsmarineamt endlich auch bei dem zuständigen Staatssekretär Alfred von Tirpitz ein Umdenken einleitete. Im Juli 1904 verfügte er, dass Vorbereitungen zum Bau eines U-Bootes durch marineeigene Fachleute getroffen werden sollten, der Konstruktionsauftrag wurde im Herbst desselben Jahres erteilt und führte zum Bau von U 1, ebenfalls durch die Germaniawerft in Kiel.

Das erste als kriegstauglich erachtete U-Boot und Prototyp für die bald einsetzende Serienfertigung war die 1903 bei der Kruppschen Germaniawerft gebaute »Forelle«, die auf Pläne des spanischen Ingenieurs d'Equevilley-Montjustin zurückgeht. Das 13 m lange Boot, hier vor den Toren der Kieler Bauwerft, wurde nach Russland verkauft, woraufhin das Zarenreich 1904 drei weitere U-Boote in Auftrag gab.

Das U-Boot in der Seestrategie der Kaiserlichen Marine vor 1914

Mit der Thronbesteigung Wilhelms II. im Jahre 1888 begann für die Kaiserliche Marine eine neue Ära. Der damals erst 29jährige Monarch fühlte sich ihr besonders verpflichtet und förderte ihren Ausbau massiv. Kiel nahm dabei aus mehreren Gründen eine zentrale Stellung ein: 1895 wurde der Kaiser-Wilhelm-Kanal eröffnet, der neben einer neuen Handelsroute auch schnelle Flottenbewegungen zwischen den Hauptstützpunkten Kiel und Wilhelmshaven ermöglichte. Die Stadt war außerdem Schauplatz der »Kieler Woche« genannten Regatta, welche seit 1889 auch der Kaiser regelmäßig besuchte. Ehemals mittlere Familienbetriebe entwickelten sich durch Rüstungsaufträge und die rasant wachsende Handelsflotte zu Großwerften.

Abgesehen vom »Brandtaucher« und dem »Versuchsboot 333«, die beide bei Howaldt gebaut wurden, blieb es im U-Boot-Bau im Deutschen Reich bis nach 1900 allerdings weitgehend still. Obwohl in anderen Ländern wesentlich intensiver an Tauchbooten geforscht wurde, waren es allerdings auch dort meist Einzelanfertigungen aufgrund privater Initiativen. Selten weckten sie das Interesse der Marinen. Zu störanfällig waren die Konstruktionen noch und zu wenig hochseetauglich. Die Kaiserliche Marine stand in ihrer anfänglichen Gleichgültigkeit gegenüber dieser neuen Waffe also nicht alleine. Doch hatte die deutsche Marinepolitik vor dem Ersten Weltkrieg sehr spezifische Züge, die es neuen Seekriegsmitteln besonders schwer machten und daher im Folgenden kurz erläutert werden sollen.

Ein wichtiges Dokument zum Verständnis der wilhelminischen Vorstellung von Seemacht stellt die so genannte »Dienstschrift IX« dar. Ihr Autor war niemand geringerer als Alfred Tirpitz, damals noch Kapitän zur See, wenig später Staatssekretär im Reichsmarineamt und Architekt der deutschen Schlachtflotte. Tirpitz analysierte die Herbstmanöver des Jahres 1894 und formulierte geradezu ein Dogma, das die deutschen Marinen für lange Zeit prägen sollte, weit über seine Amtszeit hinaus: »Die natürliche Bestimmung einer Flotte ist die strategische Offensive« hieß es dort. Seeherrschaft ließ sich demzufolge nur ausüben, indem man die Schlacht suchte und erfolgreich ausfocht. Erst danach konnte man nach dieser Auffassung dem Gegner mit Landungsoperationen, Seeblockaden oder gezielten Angriffen auf dessen Küsten weiteren Schaden zufügen. U-Boote kamen in Tirpitz' Ausführungen nicht vor, allerdings äußerte er sich zur Rolle von Torpedobooten, die er nicht als ernsthafte Gefahr für Großkampfschiffe und demzufolge als nebensächlich ansah. Die Besonderheit dieser zunächst nur für den internen Gebrauch verfassten Denkschrift liegt in der Tatsache, dass ihr Autor wenig später in der Position war, die gewünschte Flotte auch tatsächlich zu realisieren: Bis heute ist dieses Vorhaben auch als »Tirpitz-Plan« bekannt.

Der Plan hatte sowohl innen- als auch außenpolitische Dimensionen. Tirpitz wollte mit den so genannten Flottengesetzen den Bau und die Modernisierung der deutschen Marine Stück für

Nach langem Zögern gab das Reichsmarineamt dem Marineingenieur Gustav Berling am 4. April 1904 den Auftrag, ein U-Boot zur Seekriegsführung zu bauen. Erste Probefahrten erfolgten im September, und im Dezember 1906 wurde das erste deutsche U-Boot »U1« in Dienst gestellt, hier ein Foto der Besatzung von 1909. (Foto Schäfer)

Stück dem Einfluss der Politik, genauer: der Budgetkommission des Reichstages entziehen. Die Gesetzesvorlagen zielten darauf ab, sowohl die Flottenstärke gesetzlich festzulegen, als auch die Frist, innerhalb derer veraltete Kriegsschiffe durch Neubauten zu ersetzen waren. Die außenpolitische Stoßrichtung galt vor allem England. Man war sich darüber klar, dass man dessen Flottenstärke vermutlich nie erreichen würde. Die deutsche Flotte sollte für diesen Konkurrenten im Welthandel aber immerhin bedrohlich genug wirken, um die maritimen und kolonialen Ambitionen des Deutschen Reiches dulden zu müssen. Ein Angriff sollte für Großbritannien mit dem Risiko verbunden sein, selbst so geschwächt aus der Auseinandersetzung hervorzugehen, dass die eigene Position als erste Seemacht gefährdet war. Daher stammt die Bezeichnung Risiko-Flotte. Gleichzeitig erhoffte man sich, durch die Flotte als Machtfaktor andere Bündnispartner zu gewinnen.

Beide Intentionen Tirpitz' erfüllten sich letztlich nicht: Der technische Fortschritt um die Jahrhundertwende sorgte dafür, dass Schiffsgrößen, Bewaffnung und Maschinenleistung extrem anwuchsen und die Schiffe ebenso extrem verteuerte. Es fehlte schlicht am Geld, die geplanten Einheiten zu realisieren, selbst wenn ihr Bau gesetzlich legitimiert war. Auch die außenpolitische Wirkung der Flotte war eine andere. England reagierte mit eigenen Bauprogrammen, denn auch hier galt eine Doktrin: Die englische Flotte sollte stets stärker sein als das, was die nächsten beiden Seemächte zusammengerechnet aufbieten konnten. Ein regelrechtes Wettrüsten entstand. Bündnispartner gewann das Deutsche Reich nicht. Im Gegenteil stand es 1914 weitgehend isoliert auf dem Parkett der Weltpolitik, was nicht alleine, jedoch zu nicht unerheblichen Teilen ein Resultat der Marinepolitik war.

Spezifisch deutsch sind weiterhin die vielfältigen, teils irrationalen Interessen und Absichten, die sich im Flottenbau verdichteten: Bürgerliche Prestigesucht spielte ebenso eine Rolle wie koloniale Ambitionen, daneben versprach man sich einen Konjunkturschub durch die Bauprogramme. Der Kaiser selbst sprach von »Weltgeltung« und ein 1891 gegründeter »Flottenverein« betrieb mit Unterstützung des Reichsmarineamtes aggressive Propaganda in allen gesellschaftlichen Schichten. Die Flottenbegeisterung der Deutschen spiegelte sich im Buchhandel ebenso wider wie im Straßenbild: Der Matrosenanzug avancierte zur modischen Bekleidung, Schlachtschiffe aus Pappe und Blech eroberten die Kinderzimmer, Zeitschriften und Bücher informierten über die neuesten technischen Errungenschaften im Schiffbau.

Die Flottenpolitik war durchaus nicht unumstritten: Selbst innerhalb der Führungsriege der Admiralität gab es Zweifel an der Tirpitzschen Konzeption. Vizeadmiral Karl Galster kritisierte die einseitig auf Schlachtschiffe fokussierte Rüstung ab 1907 öffentlich und propagierte den Einsatz von U-Booten, Minen und Torpedobooten gegen gegnerische Kriegsschiffe in der südlichen Nordsee. Auch er sah das U-Boot noch nicht als Waffe im Handelskrieg an, doch er zeigte klug wesentliche Schwachpunkte der monolithischen deutschen Seestrategie auf. Im gesellschaftlichen Klima des Wilhelminismus verhallten seine

Die Unterseeboote »U 1« und »U 2« der Kaiserlichen Marine liegen längsseits des U-Boot-Hebeschiffs »Vulkan« im Kieler Hafen.

Nach der Erprobung von »U 1« ging der U-Boot-Bau bei der Germaniawerft in Serie, hier »U 8« am Ausrüstungskai in Kiel. Erst nach 1910 wurde die taktische Anwendung der neuen U-Boot-Waffe erprobt.
(Foto Gebr. Lempe, 1911)

Zur Bergung verunglückter U-Boote wurde 1907 bei den Kieler Howaldtswerken das kombinierte Hebe- und Dockschiff »Vulkan« in Katamaran-Bauweise konstruiert und von der Kaiserlichen Marine in Dienst gestellt; hier ein U-Boot bei seiner Bergung zwischen den beiden Rümpfen. (Foto Schäfer, um 1910)

Ausführungen allerdings nicht nur ungehört: Galster sah sich gesellschaftlicher Isolation, Anfeindungen und Drohungen seitens des Marinekabinetts ausgesetzt. Vizeadmiral Freiherr von Schleinitz sprach sich 1908 für einen offensiven Einsatz von U-Booten gegen englische Handelsschiffe im Kriegsfall aus. Kritische Stimmen gab es auch aus dem Reichstag, gegen den mächtigen militärisch-industriellen Komplex hatten sie jedoch ebenfalls keine Chance.

Mit der Bestellung von U 1 bei der Germaniawerft in Kiel im Jahre 1904 entdeckte die Kaiserliche Marine schließlich doch auch das U-Boot für sich, freilich motiviert durch das starke russische Interesse an dem Versuchsboot »Forelle«. Im September 1906 begannen die Probefahrten von U 1, die offizielle Indienststellung erfolgte im Dezember. Immerhin 28 Boote wurden bis zum Beginn des Ersten Weltkrieges in Dienst gestellt. Ebenso rasch wie im Schlachtschiffbau entwickelte sich hier die Technik weiter. Waren die ersten Boote noch mit einer Kombination aus Elektro- und Petroleummotor ausgestattet, dessen weiße Rauchfahnen in aufgetauchtem Zustand weithin zu sehen waren, ging man ab 1912 konsequent zum Dieselmotor über. Auch konstruierte man fast nur noch Zweihüllenboote, bei denen die Tauchzellen zwischen Schiffskörper und Druckbehälter untergebracht sind. Man steigerte die Überwassergeschwindigkeit und vergrößerte die Reichweite. Kurz vor dem Ersten Weltkrieg konzipierte man U-Boote, die bereits westlich von England operieren und sowohl mit Torpedos, als auch mit Geschützen angreifen konnten.

Doch änderte das nichts daran, dass dieses Seekriegsmittel in der Seestrategie der Kaiserlichen Marine praktisch nicht vorkam. Eine Ursache dafür liegt in der Person Tirpitz' selbst begründet, dessen Fixierung auf den Schlachtgedanken ihn jegliche ergänzende oder alternative Anregung ablehnen ließen. Erst zögerlich beugte er sich dem Druck der öffentlichen Meinung, hielt die Mittel zum Bau von U-Booten jedoch bewusst knapp. Auch der Flottenverein mit seiner teils schrillen Agitation verhinderte ein Klima, innerhalb dessen man sachlich hätte diskutieren können.

Erst 1910 fanden überhaupt taktische Erprobungen mit den vorhandenen U-Booten statt, ab 1912 setzte sich die zuständige Dienststelle, die Torpedo Inspektion (T.I.), konzeptionell mit dem weiteren Aufbau der U-Boot-Waffe auseinander. Im Kriegsfall sollte ihre Aufgabe vorwiegend defensiv sein: Man wollte sie auf vorher festgelegten Linien, so genannten Tätigkeitsstreifen in der Deutschen Bucht und in der Ostsee operieren lassen, um ein Eindringen feindlicher Kräfte in die eigenen Seegebiete zu verhindern. Erstmals wurde nun auch ins Auge gefasst, einige Boote mit großem Fahrbereich bis vor die englische Küste vorstoßen zu lassen. Auf die Forderungen von Schleinitz' nach einem offensiven Vorgehen gegen den britischen Handelsverkehr ging man jedoch nicht ein. Immerhin erhielt die U-Boot-Waffe 1913 eine eigene Dienststelle, die Uboot-Inspektion (U.I.), in welcher Fachpersonal und Ressourcen gebündelt wurden, um die Torpedo-Inspektion zu entlasten. Ihr Sitz war passenderweise in Kiel. Allerdings begann erst im Frühjahr 1914 der tatsächliche Aufbau.

Die U-Boot-Flotte der Kaiserlichen Marine an der Kieler Blücherbrücke kurz vor Beginn des Ersten Weltkriegs im Juli 1914.

War die Kaiserliche Marine auch zögerlich, so konnte die Germaniawerft sich mit Exportaufträgen im U-Boot-Bau einen Namen machen. Nach den drei russischen Booten wurden weitere zwei an Österreich-Ungarn abgeliefert. Ein anderes Boot ging nach Norwegen. Schließlich bestellte auch die italienische Marine ein U-Boot in Kiel, welches bereits mit Dieselmotoren ausgestattet war. Die guten Erfahrungen der Norweger mit ihrem Boot führten zur Bestellung von drei weiteren, in welche auch die Betriebserfahrungen der inzwischen gebauten Boote einließen konnten. Anfang 1913 folgten erneut Bestellungen für Österreich-Ungarn, auch mit der Türkei wurde verhandelt. Im Juni 1914 bahnte sich noch ein großes Geschäft mit Griechenland an, das wegen des Kriegsausbruches nicht mehr abgeschlossen wurde. Die Freizügigkeit, mit der das Reichsmarineamt diese Exportaufträge gestattete, kann wohl als Indikator gelten, wie gering man das U-Boot nach wie vor einschätzte. Auch dürfte es ein Hinweis darauf sein, wie sehr die Kaiserliche Marine vom Ausbruch des Krieges überrascht wurde.

Seite 31–35:
Schon kurz vor Beginn des Ersten Weltkriegs wurde der U-Boot-Bau forciert, allein zehn Boote wurden zwischen August und Jahresende 1914 in Dienst gestellt; hier die Boote »U 31« bis »U 38« der Kaiserlichen Marine im Bau bei der Kieler Germaniawerft.

U36

Das U-Boot »U 9« erlangte Berühmtheit und war fortan beliebtes Propagandamotiv, weil es bereits kurz nach Kriegsbeginn im September 1914 drei britische Panzerkreuzer versenkt hatte. Die nachträglich mit der Inschrift versehene Postkarte zeigt das Boot unter der Levensauer Hochbrücke bei Kiel im »Kaiser-Wilhelm-Kanal«.

U-Boot-Einsatz im Ersten Weltkrieg

U 9 und Kapitänleutnant Otto Weddigen: Die Geburt eines Mythos

Der Erste Weltkrieg begann für die Kaiserliche Marine mit mehreren einschneidenden Ereignissen, welche die vor dem Krieg propagierte Seestrategie weitgehend außer Kraft setzten. Am 28. August 1914 gingen im Gefecht gegen überlegene britische Streitkräfte bei Helgoland drei Kleine Kreuzer sowie ein Torpedoboot verloren. Über 1200 Menschen starben auf deutscher Seite. Neben den Verlusten an Material und Menschenleben führte das Ereignis dazu, dass der Kaiser künftig persönlich über Seeoperationen zu entscheiden verlangte. Es begann in der Schlachtflotte das große Warten, welches die Moral auf den Großkampfschiffen stückweise zermürben sollte.

Nur wenige Tage nach dem verlustreichen Helgoland-Gefecht fand der erste spektakuläre Erfolg eines deutschen U-Bootes gegen englische Seestreitkräfte statt: U 21 unter Kapitänleutnant Otto Hersing versenkte den britischen Kreuzer »SMS Pathfinder«. Am 22. September 1914 gelang dann Kapitänleutnant Otto Weddigen mit U 9 ein Coup, der in seiner Wirkung sowohl auf die Kaiserliche Marine, als auch auf die Öffentlichkeit kaum hoch genug eingeschätzt werden kann: Innerhalb einer Stunde versenkte das Boot drei britische Kreuzer

Nicht nur Kapitänleutnant Otto Weddingen, sondern auch die Besatzung des legendären U-Bootes »U 9« galten als Seekriegshelden. Die betont legere Darstellung des Matrosen mit dem Schifferklavier, der allein durch die Aufschrift seines Mützenbandes identifizierbar wird, verdeutlicht das besondere Image der U-Boot-Fahrer.

der Bacchante-Klasse. Dass bei dieser Aktion Glück und Zufall eine wesentliche Rolle gespielt hatten, ging in der zeitgenössischen Bewertung weitgehend unter. In der Tat war der deutsche Angriff nicht geplant gewesen und Weddigen glaubte vor seinem Angriff noch, es mit Kleinen Kreuzern zu tun zu haben. Als das erste Schiff, »HMS Aboukir«, getroffen wurde, stoppten die beiden begleitenden Schiffe »HMS Cressy« und »HMS Hogue«, um Rettungsmaßnahmen einzuleiten. Sie waren für U 9 ein leichtes Ziel, als sie Boote ausbrachten, um ihren Kameraden zu Hilfe zu eilen. Otto Weddigen wurde nach diesem Erfolg der erste und vermutlich auch der bekannteste Seeheld des Ersten Weltkrieges. Das U-Boot erfuhr als Seekriegsmittel eine enorme Aufwertung. Beide Ereignisse, Helgoland und Weddigens Versenkungen, bestimmten die deutsche Seestrategie fortan. Während die Hochseeflotte aus Angst vor möglichen Verlusten ein Schattendasein in den Häfen führte, wurde das U-Boot zum Hoffnungsträger im Seekrieg.

Für den jungen Marineoffizier Weddigen begann ein intensive, wenn auch kurze Zeit des Ruhms: Die Rückkehr von U 9 nach Wilhelmshaven wurde triumphal gefeiert. Der Kaiser gratulierte telegrafisch und verlieh dem Kommandanten das Eiserne Kreuz zweiter und erster Klasse gleichzeitig. Die Mannschaft des Bootes erhielt das Eiserne Kreuz zweiter Klasse. U 9 führte es als Symbol fortan auf dem Turm, was als Tradition bis in die Zeit der Bundesmarine bei allen U-Booten mit der Bezeichnung U 9 fortgeführt wurde. Angeblich wurden Weddigen und seine Besatzung regelrecht mit Glückwünschen und Geschenken überhäuft. In Marinekreisen war man erleichtert, dass man solche Erfolge vorweisen konnte, wenn sie auch nicht auf das Konto der Hochseeflotte gingen und Kritiker anmerkten, dass die drei britischen Kreuzer technisch veraltet gewesen waren. Schon im Folgemonat konnte Weddigen nachlegen. U 9 versenkte am 15. Oktober 1914 den Kreuzer HMS Hawke nordöstlich von Aberdeen. Als das Boot wieder zur Basis zurückkehrte, hatte es fast seinen gesamten Treibstoff verbraucht und eine Fahrstrecke von 1700 Seemeilen zurückgelegt. Damit war endgültig bewiesen, dass U-Boote in der Lage waren, weit in englische Gewässer vorzudringen und sich auch gegen deutlich überlegene Kriegsschiffe behaupten konnten.

Weddigen wurde für diesen zweiten Erfolg als erster Marineoffizier überhaupt mit dem Orden »Pour le Mérite« ausgezeichnet. Er unternahm noch einige Feindfahrten mit U 9. Im Februar 1915 erhielt er das Kommando über U 29, welches bereits Dieselmotoren hatte. Seine erste und einzige Fahrt mit diesem Boot von Zeebrügge aus galt den englischen Handelsrouten in irischen Gewässern. Seit November 1914 hatte England offiziell eine Handelsblockade gegen das Deutsche Reich verhängt. Die Reichsregierung ließ ihrerseits ab Februar 1915 ihre U-Boote bewußt auch gegen englische und alliierte Handelsschiffe vorgehen. Weddigen versenkte vier Schiffe mit knapp 13.000 BRT. Auf dem Rückmarsch um Schottland begegnete sein Boot am 18. März 1915 der Grand Fleet auf ihrem Weg in den Stützpunkt Scapa Flow und wurde entdeckt. Das Schlachtschiff »HMS Dreadnought« konnte

1916 veröffentlichte die Reichsmarineleitung das propagandistische Album »Deutsche U-Boot-Taten in Wort und Bild« mit Zeichnungen des Marinemalers Willy Stöwer, das vor allem die als heldenhaft geltenden Einsätze des »U 9« unter dem Kommando von Kapitänleutnant Weddingen herausstellt.

einen Rammstoß ausführen und U 29 sank ohne Überlebende.

Dem Mythos um den Kommandanten Weddigen tat dies keinen Abbruch, eher verstärkte der so genannte Heldentod diese Wirkung noch. Ähnliches geschah im Zweiten Weltkrieg mit dem U-Boot-Kommandanten Günther Prien, der in diesem Krieg der bekannteste deutsche Marineoffizier war und ebenfalls auf einer Feindfahrt den Tod fand. Im Mai 1915 erschien das erste von vielen Büchern über Otto Weddigen. Es stammte von dessen jüngerem Bruder und bediente das wachsende Interesse an Weddigen und den U-Booten im Allgemeinen. Lieder und Gedichte wurden ihm zu Ehren verfasst, der berühmte Marinemaler Willy Stöwer veröffentlichte ein Album mit Bildern, die U 9 im Kampf oder bei der triumphalen Rückkehr zeigten. Die Publikationen hatten nicht nur den Sinn, die Bevölkerung für die Marine einzunehmen. Sie zielten auch darauf ab, Nachwuchs zu gewinnen und junge Männer für den Dienst in der Kaiserlichen Marine zu begeistern. Die U-Boot-Waffe bekam damals den Nimbus einer unbesiegbaren Wunderwaffe zugeschrieben, an den nicht nur die Öffentlichkeit, sondern auch die Marineleitung selbst glaubte. Wurde das U-Boot vor dem Krieg zu geringschätzig beurteilt, wandelte sich diese Sicht nun zu einer massiven Überschätzung seiner Möglichkeiten. Und vermutlich liegt hier, in dem Schicksal Otto Weddigens und dem Wendepunkt in der deutschen Seestrategie der Ursprung der engen Verbindung Deutschlands mit seinen Unterseestreitkräften.

Der uneingeschränkte U-Boot-Krieg als Hoffnungsträger und seine fatalen Folgen

Die spektakulären Erfolge von U 21 und U 9 führten innerhalb kürzester Zeit zu einem kompletten Paradigmenwechsel in der deutschen Seestrategie. Als Großbritannien seine Seeblockade gegen das Deutsche Reich etablierte, lag diese weitgehend außerhalb der Reichweite der Hochseeflotte. Mehr noch: Das Helgoland-Gefecht hatte die Gefahr, welche von der britischen Grand Fleet ausging, sehr deutlich gemacht. Fortan galt die Maxime, die Flotte nur dann auslaufen zu lassen, wenn Erfolge mit geringem Risiko erreichbar schienen. Die Aufmerksamkeit der Öffentlichkeit, wie auch der Marineleitung, hatte sich ohnehin dem U-Boot zugewandt. Dieses schien das einzig wirksame Mittel gegen die britische Blockade. Doch setzte man es noch sehr traditionell, nämlich vorwiegend gegen gegnerische Kriegsschiffe ein. Im Dezember 1914 gab Alfred von Tirpitz in Berlin einem Korrespondenten der amerikanischen Zeitung United Press allerdings ein Interview, in dem er Andeutungen über einen uneingeschränkten U-Boot-Krieg gegen England machte, noch bevor diese Pläne intern abschließend erörtert worden waren. Damit war das Tor zu einem Handelskrieg aufgestoßen, der neutrale Schiffe, Handels- und Passagierschiffe mit einschließen würde. Als das Interview der behördeneigenen Zensur vorgelegt wurde, war es im Ausland bereits erschienen. Die deutsche Öffentlichkeit nahm die Äußerungen begeistert auf und

Stolz posiert die Besatzung des U-Bootes »U 33« mit Kapitänleutnant Glaser im Kieler Hafen, im Hintergrund die Kaiserliche Marineakademie im November 1914. U-Boot-Fahrer, die diese moderne Waffentechnik beherrschten, hatten ein hohes Ansehen.

Die Postkarte zeigt eine U-Boot-Besatzung im Torpedoraum beim Lesen von Post aus der Heimat, ein typisches Motiv, das an die moralische Unterstützung der Soldaten im Einsatz durch die Angehörigen an der »Heimatfront« gemahnt. Deutlich wird auch die beengte Situation an Bord und damit die besondere Belastung der U-Boot-Fahrer.

machte sie zu einer politischen Angelegenheit. Tirpitz hatte Fakten geschaffen.

Am 4. Februar 1915 begann dann der erste deutsche Versuch, mit U-Booten der britischen Seeblockade etwas entgegenzusetzen. Kern dieses Versuches war das direkte Ansetzen der U-Boote auf bekannte Handelsrouten. Die deutsche Regierung ließ offiziell erklären, dass die Gewässer rund um die britischen Inseln von nun an Kriegsgebiet seien und jedes dort angetroffene Schiff ein potentielles Ziel darstellen würde. Dabei sei es nicht immer möglich, die Sicherheit von Passagieren und Besatzungen zu gewährleisten. Völkerrechtlich begab man sich mit dieser Kriegführung auf unbekanntes Terrain. Neutrale Schiffe und Handelsschiffe im Allgemeinen hatten nach den damals gültigen Übereinkünften nach Prisenrecht behandelt zu werden. Das bedeutete, dass ein Schiff zunächst durchsucht werden musste. Nur wenn Kriegsgüter an Bord waren, durfte man es beschlagnahmen oder versenken, nachdem die Besatzung vollständig in Rettungsbooten untergebracht worden war. Die Regeln stammten noch aus einer Zeit, die keine U-Boote kannte. Die spezielle Eigenart der U-Boote, der unerkannte und plötzliche Angriff, war dort folglich nicht berücksichtigt worden. Die U-Boot-Kommandanten standen somit vor einer schwer lösbaren Aufgabe. Das Stoppen und Durchsuchen eines Schiffes erforderte, dass das U-Boot seine geschützte Position aufgeben und auftauchen musste. Über Wasser war es schwach bewaffnet, nicht gepanzert und damit besonders gefährdet. Britische Handelsschiffe wurden hingegen bewaffnet, um sich gegen die damals noch operierenden deutschen Hilfskreuzer zur Wehr setzen zu können. Die Kommandanten bekamen auch zunächst keine klaren Anweisungen, wie sie den ihnen übertragenen Handelskrieg führen sollten. Man ging wohl stillschweigend von einem Vorgehen gemäß Prisenrecht aus und begann, die U-Boote mit stärkerer Artillerie auszurüsten, um sie auch aufgetaucht wehrhaft zu machen. Der erfolgreichste U-Boot-Kommandant beider Weltkriege, Lothar von Arnault de la Perière, benutzte fast ausschließlich sein Bordgeschütz. Es war allerdings nur eine Frage der Zeit, wann ein Schiff vorwarnungslos versenkt werden würde und sei es nur als Resultat eines Irrtums.

Der U-Boot-Krieg, den das Deutsche Reich im Februar 1915 offiziell begann, war weder von der Politik, noch von der Marineleitung richtig durchdacht worden. Das betraf ganz besonders die Rolle der USA, die sich noch neutral verhielten. Weder der erste, noch der letzte, aber der bis heute folgenschwerste Zwischenfall im U-Boot-Krieg im Ersten Weltkrieg ereignete sich im Mai 1915. Der Cunard-Dampfer »Lusitania« befand sich auf der Heimfahrt von New York nach England. Am Morgen des 7. Mai erreichte das Schiff die Südküste Irlands. Per Funk war es von der Anwesenheit deutscher U-Boote unterrichtet worden, Begleitschutz hatte es jedoch keinen. Südlich von Queenstown wurde es von U 20 unter Kapitänleutnant Walter Schwieger angegriffen. Bereits der erste Torpedo richtete so schwere Schäden an, dass die »Lusitania« innerhalb weniger Sekunden Schlagseite bekam und nach nur 18 Minuten sank. Dabei kamen mehr als 120 zum Teil prominente US-Bürger und

Mit symbolhaften Nagelfiguren wurde während des Ersten Weltkriegs zu Kriegsspenden aufgerufen: In Kiel, der Heimat der U-Boot-Waffe, konnte man 1915 Spenden-Nägel in ein hölzernes U-Boot einschlagen. Das U-Boot verblieb noch bis zum Ende des Zweiten Weltkriegs im Kieler Rathaus.

Seite 46–47:
Die Mannschaft von »U 52« beim Laden eines Reservetorpedos und an Deck stehend vor Helgoland. Das bei der Germaniawerft gebaute U-Boot wurde 1916 in Dienst gestellt und kam bei vier Feindfahrten im östlichen Nordatlantik und im Mittelmeer zum Einsatz. Dabei wurden insgesamt 28 Handelsschiffe der Entente und neutraler Staaten sowie mehrerer Kriegsschiffe versenkt. Im Oktober 1917 ereignete sich am Eingang zum Kaiser-Wilhelm Kanal, heute Nord-Ostsee-Kanal, eine Explosion im Hecktorpedoraum, das Boot sank und sechs Besatzungsmitglieder kamen ums Leben. (Fotos Schäfer, 1916).

viele weitere Menschen ums Leben. Die amerikanische Regierung übte Druck auf Deutschland aus, den U-Boot-Krieg wieder zu entschärfen, was auch geschah. Dass die »Lusitania« Munition geladen hatte, spielte dabei kaum eine Rolle. Der Zwischenfall schlug sich in der Propaganda besonders stark nieder und wurde zu einer Quelle teils abstruser Verschwörungstheorien. Bis heute hält sich die Behauptung, laut derer die »Lusitania« vom Ersten Seelord, Winston Churchill, bewusst geopfert wurde, um die amerikanische Außenpolitik in seinem Sinne zu beeinflussen. Der Zwischenfall führte zwar nicht direkt zur Aufgabe der amerikanischen Neutralität, aber er gilt als Markstein auf dem Weg dorthin.

Nach der Versenkung des White-Star-Dampfers »Arabic« am 19. August 1915 mit wiederum amerikanischen Todesopfern lenkte die deutsche Regierung nach erneuten amerikanischen Protesten ein und verkündete die generelle Einstellung des U-Boot-Krieges gegen Handelsschiffe rund um die britischen Inseln. Im Mittelmeer und der Ostsee wurde er hingegen weitergeführt. Erst am 29. Februar 1916 begann er wieder mit der Maßgabe, dass bewaffnete Handelsschiffe warnungslos versenkt werden dürften, Passagierdampfer jedoch verschont werden sollten. Die Hochseeflotte sollte die U-Boote durch offensive Vorstöße unterstützen. Sie sollte ebenfalls gegen Handelsrouten eingesetzt werden, möglicherweise sogar gegen die britische Küste selbst. Reinhard Scheer, seit Januar 1916 Flottenchef, erhoffte sich von solchen Unternehmungen auch eine Stärkung der Moral auf den schweren Kampfschiffen und nicht zuletzt den Nachweis, dass sie überhaupt noch eine Existenzberechtigung hatten. Denn große Erfolge konnten die Überwasserstreitkräfte seit dem Seegefecht bei Coronel nicht vorweisen und dieses war auf das Konto der Auslandskreuzer gegangen. Der Auslöser der Skagerrakschlacht am 31. Mai 1916 war ein solcher Vorstoß gegen Handelsschiffe vor der norwegischen Küste.

Die erneute Aufnahme des verschärften U-Boot-Krieges provozierte prompt ein weiteres Mal die US-Regierung, als am 24. März 1916 der Kanaldampfer »Sussex« von UB 29 angegriffen und schwer beschädigt wurde. Am 18. April drohte Washington in einer Note mit dem Abbruch der diplomatischen Beziehungen. Die deutsche Regierung versprach am 4. Mai, künftig wieder streng nach Prisenordnung vorzugehen. Scheer zog die U-Boote aus dem Handelskrieg ab, da er ihn unter diesen Bedingungen als aussichtslos ansah. Da die Kommandanten in der Nordsee allerdings kaum militärische Ziele fanden, gingen sie selbständig wieder dazu über, Handelsschiffe zu stoppen und zu kontrollieren, was sich als recht erfolgreich erwies und auch von der Marineleitung geduldet wurde. Nach der Skagerrakschlacht empfahl Scheer in seinem Immediatsbericht, sich ganz auf den U-Boot-Krieg zu konzentrieren. Der Ausgang der Schlacht hatte trotz gegenteiliger Darstellung in der Öffentlichkeit bewiesen, dass mit der Hochseeflotte keine entscheidende Wende im Krieg zu erreichen war.

Die deutsche U-Boot-Waffe verfügte inzwischen über eine ausdifferenzierte Anzahl von U-Boot-Typen, die vom Küsten-U-Boot bis zum so genannten

»Deutsches U-Boot, ein französisches Vollschiff aufbringend« lautet der rückseitig vermerkte Titel des Gemäldes von Willy Stöwer (Gouache, 1916). Während die großen Schlachtschiffe der Kaiserlichen Marine kaum zum Einsatz kamen, sollten sich die U-Boote im Blockadekrieg gegen feindliche Handelsschiffe als effektiv erweisen. Sie wurden ab 1916 immer häufiger Motiv der propagandistischen Marinemalerei.

Die Rettung der Besatzung eines englischen Fischkutters – drei Männer im Ölzeug – nach der Versenkung ihres Schiffes auf dem Heck eines deutschen U-Bootes (Temperagemälde von Willy Stöwer 1915).
Die Propagandamalerei bemühte sich, den völkerrechtlich umstrittenen U-Boot-Krieg gegen Handelsschiffe und Fischereiboote in ein günstiges Licht zu rücken; in Wahrheit wurden feindliche Seeleute äußerst selten von U-Booten aufgenommen.

Zur Umgehung der britischen Seeblockade wurden Fracht- oder Handels-U-Boote wie die beiden bei der Kieler Germaniawerft gebauten Boote »Bremen« und »Deutschland« eingesetzt. Während die »Bremen« schon bei der ersten Fahrt verloren ging, war die »Deutschland« bis zum Kriegseintritt der USA als Blockadebrecher erfolgreich. (Foto oben Schäfer)

Die waghalsigen Fahrten des Handels-U-Bootes »Deutschland« für die Deutsche Ozean-Reederei Bremen erregten Aufsehen und verstärkten den Mythos der U-Boot-Waffe. Als das Schiff im August 1916 mit einer Ladung Nickel und Gummi unversehrt aus den USA zurückkam, wurden in Kiel die Straßen mit schwarz-weiß-roten Fahnen geflaggt, hier der Blick in die Kehdenstraße. (Ölgemälde von Ernst Eitner, 24.8.1916)

U-Kreuzer reichte. Auch Handels-U-Boote wurden gebaut. Das berühmteste, »U-Deutschland«, machte im Sommer 1916 für den Norddeutschen Lloyd die erste Reise in die USA, um Handelswaren wie Farbstoffe und pharmazeutische Produkte gegen Kautschuk, Zinn und Nickel einzutauschen, die im Kaiserreich knapp waren. Die besonderen Eigenschaften des Bootes ermöglichten es, die britische Seeblockade wortwörtlich zu unterlaufen. Seine Fahrten sorgten sowohl in Deutschland, als auch den USA für großes Aufsehen und verstärkten den Mythos der U-Boot-Waffe. Nach dem Kriegseintritt der USA wurde »U-Deutschland« als U-Kreuzer der Marine unterstellt, konnte aufgrund seiner speziellen Bauart jedoch nur wenige Erfolge vorweisen. Ein zweites Handels-U-Boot mit Namen »Bremen« ging auf seiner ersten Fahrt nach Nordamerika bereits verloren.

Das zu dessen Begleitung abkommandierte U 53 führte im Oktober 1916 unmittelbar vor der Küste Nantucketts Handelskrieg, was die durch U-Deutschland erworbenen Sympathien für die deutschen U-Boote wieder zunichtemachte. Allerdings ging U 53 streng nach Prisenordnung vor.

U-Boote wurden für verschiedene Aufgaben vom Eismeer bis ins Mittelmeer eingesetzt: Kleine Küsten-U-Boote, die z.B. vor Flandern verwendet wurden, waren schnell zu bauen und konnten mit der Bahn transportiert werden. Sie hatten dadurch auch Einsätze im Mittelmeer. Größere Boote fuhren aus eigener Kraft in dieses Seegebiet. Weiterhin wurden U-Boote mit Minenlegeeinrichtungen ausgestattet. Schließlich baute man U-Kreuzer, die starke Artilleriebewaffnung besaßen und über eine besonders große Reichweite verfügten. Daneben wurde auch das Standartboot der Kaiserlichen Marine stetig verbessert und an verschiedene Einsatzszenarien angepasst. Im Oktober 1916 verfügte die Marine über 82 Boote, die im Monatsdurchschnitt bis zum Januar 1917 fast 325.000 BRT an Schiffsraum versenkten. Diese Erfolge gelangen bei weitgehender Einhaltung des Prisenrechts und fast vollständig ohne aktive Unterstützung durch moderne Kreuzer oder hochseetaugliche Torpedoboote. Zu einer wirklichen Zusammenarbeit zwischen U-Boot-Waffe und Hochseeflotte kam es nicht.

Die Marineleitung forderte jedoch vehement einen uneingeschränkten U-Boot-Krieg. Als die britische Regierung im Dezember 1916 ein deutsches Friedensangebot brüsk zurückwies, schlugen sich auch die Heeresgenerale Ludendorff und Hindenburg auf die Seite der Befürworter. Sie hatten längst erkannt, dass der Krieg zu Land nicht zu gewinnen war und erhoffen sich vom erfolgreich geführten U-Boot-Krieg eine Entlastung. Obwohl Anfang 1917 nicht einmal 100 U-Boote zur Verfügung standen, behauptete der Admiralstab, monatlich 600.000 BRT versenkten Schiffsraum garantieren zu können, würden die Beschränkungen des Prisenrechts nicht mehr gelten. Die Gefahr des amerikanischen Kriegseintrittes wurde ignoriert, da man glaubte, dass Truppen aus Übersee Europa durch die U-Boot-Aktivitäten gar nicht erreichen könnten. Der Kaiser knickte ein, Reichskanzler Theobald von Bethmann-Hollweg ebenfalls und so fielen der Beginn des uneingeschränkten U-Boot-Krieges und der endgültige Bruch mit den USA auf denselben Tag: Den 1. Februar 1917.

Seite 54–55:
Der Erste Weltkrieg wurde weitgehend aus Kriegsanleihen der deutschen Bevölkerung finanziert; mit der 6. Kriegsanleihe 1917 ging auch eine Spende für die Deutsche U-Boot-Waffe im Einsatz gegen England einher. Die Anleihezeichnung wurde mit Plakaten und Flugblättern beworben, wie dem Plakatmotiv von Willy Stöwer, das mutige U-Bootfahrer auf dem gischtumschäumten Deck ihres Bootes zeigt oder dem Werbezettel mit einer Darstellung der von deutschen U-Booten umzingelten Britischen Inseln.

ZEICHNET
KRIEGS-ANLEIHE
FÜR U-BOOTE GEGEN
ENGLAND

Alliierte Gegenmaßnahmen beenden die deutschen U-Boot-Erfolge

Als der uneingeschränkte U-Boot-Krieg am 1. Februar 1917 begann, war er mit hohen Erwartungen verknüpft: Der deutsche Admiralstab hatte versprochen, England werde innerhalb von fünf Monaten zum Frieden gezwungen. Die USA würden militärisch keine Bedrohung darstellen, da man annahm, dass amerikanische Truppen Frankreich auf dem Seeweg nicht erreichen könnten. Beide Behauptungen waren vollkommen aus der Luft gegriffen, zeigten jedoch Wirkung und wurden nicht hinterfragt. Mit einem Schachzug versuchte die Reichsregierung, die Vereinigten Staaten auf ihrem Kontinent zu binden, indem sie im Geheimen ein Bündnisangebot an Mexiko aussprach. Dieses sollte die 1848 im Amerikanisch—Mexikanischen Krieg verloren gegangenen Gebiete mit deutscher Hilfe zurückerhalten. Doch die britische Funkaufklärung konnte das brisante, telegrafisch übermittelte Dokument entschlüsseln und an die US-Regierung weiterleiten. Die Stimmung kippte dadurch endgültig zuungunsten Deutschlands. Am 1. April 1917 waren die USA offiziell Teil der Entente, was das Schicksal der Mittelmächte letztlich besiegelte.

Für eine kurze Zeit sorgten die Versenkungserfolge der deutschen U-Boote tatsächlich für eine Krisenstimmung bei den Alliierten. Doch ein Bündel von Maßnahmen führte dazu, dass die Verluste bereits im Sommer 1917 deutlich abnahmen und im Herbst wieder auf das Niveau des Vorjahres abgesunken waren. Dazu zählte, dass der gefährdete Schiffsverkehr zu Konvois zusammengefasst wurde, die leichter durch Begleitfahrzeuge zu verteidigen waren. Im Grunde setzte man dem modernen Seekriegsmittel U-Boot damit eine uralte Taktik entgegen, die sich jedoch als wirkungsvoll erwies. Die so genannte Rudeltaktik, die im Zweiten Weltkrieg angewendet wurde, konnte im Ersten Weltkrieg nur ansatzweise erprobt werden. Laut seiner Autobiografie war der spätere Großadmiral Karl Dönitz einer der ersten deutschen U-Boot-Kommandanten, die das gruppenweise Vorgehen gegen alliierte Handelsschiffe im Mittelmeer ausprobierten. Doch fehlten die technischen Voraussetzungen im Bereich der Funktechnik noch, um diese Taktik wirkungsvoll und großflächig anwenden zu können. Es war einzelnen U-Booten lediglich möglich, sich nach individueller Absprache in einem Seegebiet zu einer vorher vereinbarten Zeit gemeinsam auf die Lauer zu legen. Dönitz' Boot, UB 68, havarierte bei einem solchen Angriff und er selbst geriet mit einem großen Teil seiner Mannschaft in Kriegsgefangenschaft. Der von ihm angegriffene Geleitzug war bereits bewaffnet und wurde von mehreren Zerstörern gesichert.

Weiterhin gelang es den Alliierten, die Auslaufwege der deutschen U-Boote gezielt mit Minenfeldern zu belegen, was der U-Boot-Waffe empfindliche Verluste einbrachte. 1917 und 1918 gingen insgesamt 132 deutsche U-Boote verloren. Mindestens 50 davon sanken nach Minentreffern. Darüber hinaus nutzte die Royal Navy seit Längerem das Mittel der Funkaufklärung, mit der sich

Die Kieler Werften arbeiteten im Ersten Weltkrieg ausschließlich für die Rüstung, hier ein U-Boot im Trockendock bei Reparaturarbeiten. (Foto Schäfer, 1917)

gegnerische Funksprüche entschlüsseln ließen und Aufschluss über Position, Kurs und Befehle von deutschen U-Booten geben konnten. Auf diese Weise hatten die Briten bereits erfahren, dass Teile der Hochseeflotte im Mai 1916 zu einer großen Unternehmung auslaufen würden und ebenfalls Streitkräfte entsandt. Dies hatte zur Skagerrakschlacht geführt, wenngleich das Gefecht doch beide Seiten überraschte.

Schließlich wurde in dieser letzten Phase des Seekrieges ein technisches Gerät entwickelt, das fortan den Vorteil des U-Bootes, seine Unsichtbarkeit in getauchtem Zustand, erheblich beeinträchtigen sollte: Das Sonar. Im englischen Sprachraum kennt man das System unter der Bezeichnung ASDIC, was für »Anti Submarine Detection Investigation Committee« steht. Eigentlich meinte es die damals zuständige Abteilung, hat sich aber als Synonym für das Gerät selbst eingebürgert. Mehrere Wissenschaftler hatten an einem solchen Apparat unabhängig voneinander vor dem Krieg gearbeitet, vermutlich unter dem Eindruck der Titanic-Katastrophe, denn zunächst ging es um das Aufspüren von Eisbergen. Anders als beim passiven Sonar, dem reinen Horchen unter Wasser, sollte das aktive Sonar in der Lage sein, die Entfernung zu einem unter Wasser befindlichen Gegenstand abzuschätzen. Seine volle Wirkung entfaltete es im Ersten Weltkrieg nicht mehr. Doch führte seine Existenz und Weiterentwicklung in der Zwischenkriegszeit dazu, dass man das U-Boot als Waffe in einem künftigen Krieg als nicht mehr bedrohlich einschätzte. Das passive Sonar wurde hingegen schon erfolgreich gegen deutsche U-Boote angewendet. Verbesserte Wasserbomben ergänzten diese Maßnahmen.

Es gab darüber hinaus noch so genannte »U-Boot-Fallen«: Äußerlich harmlos erscheinende Zivilfahrzeuge, die jedoch über eine starke Bewaffnung verfügten und dann zuschlugen, wenn das U-Boot gemäß Prisenrecht zur Untersuchung auftauchte. So ereignete sich am 19. August 1915 der vermutlich extremste Zusammenstoß zwischen einem deutschen U-Boot und einer solchen U-Boot-Falle: Beim Durchsuchen eines Frachters südlich von Queenstown wurde U 27 von »HMS Baralong« überrascht und versenkt. Die im Wasser treibenden Überlebenden wurden anschließend erschossen, ebenso das Prisenkommando, das sich noch an Bord des gestoppten Frachters befunden hatte. Der Vorfall zog einen monatelangen Notenwechsel zwischen der deutschen und britischen Regierung nach sich. Innerhalb der Marine stärkte er die Befürworter des uneingeschränkten U-Boot-Krieges. Das Ereignis wurde besonders schrill in der Propaganda benutzt und tauchte auch in den 20er und 30er Jahren noch in der Literatur auf, um die Grausamkeit des Kriegsgegners Großbritannien herauszustellen. Doch insgesamt gingen nur wenige U-Boote durch solche U-Boot-Fallen verloren.

Warum der U-Boot-Krieg letztlich nicht den gewünschten Erfolg brachte, lag vermutlich ebenso in den marineinternen organisatorischen Problemen begründet wie in den alliierten Abwehrmaßnahmen. Bis zum Mai 1917 operierten viele Kommandanten auch im uneingeschränkten U-Boot-Krieg noch nach Prisenordnung, bis sie von

Bis kurz vor Kriegsende war der U-Boot-Krieg Thema der Propaganda, die mit der Darstellung der vermeintlichen Erfolge den weiteren Bau dieser Boote zu rechtfertigen versuchte. (Plakatentwurf von Louis Oppenheim, 1918)

ihren Kommandeuren zur Ordnung gerufen wurden. Eine einheitliche Seekriegsleitung, analog zur Obersten Heeresleitung, wurde erst im August 1918 ins Leben gerufen, um das zuvor bestimmende Kompetenzenwirrwarr zwischen Reichsmarineamt, Admiralstab und den regionalen Befehlshabern der einzelnen Kriegsschauplätze zu beenden. Dies hatte nicht nur auf den Einsatz, sondern bereits auf die Bauprogramme der U-Bootwaffe schwerwiegende Auswirkungen gehabt: So wurde zwischenzeitlich vom Reichsmarineamt verfügt, der Fertigstellung im Bau befindlicher Großkampfschiffe wieder Priorität einzuräumen, weshalb die benötigten neuen U-Boote zu spät zur Verfügung standen. Die intensiven Einsätze der vorhandenen Boote führten hingegen zu schnellerer Abnutzung und zwangen sie häufiger in die Werften.

Erst spät, mit der Schaffung der Seekriegsleitung, wurde ein umfassendes Bauprogramm in Gang gesetzt, das den Ausstoß neuer U-Boote bis zum Jahresbeginn 1919 auf bis zu 36 Boote pro Monat steigern sollte. Vizeadmiral Reinhard Scheer schätzte die Verluste durch die inzwischen wirksamen alliierten Abwehrmaßnahmen dabei durchaus realistisch ein. Durch massive Steigerungen der Neubauten und letztlich der Frontboote sollten diese ausgeglichen werden. Die Typenvielfalt wollte Scheer wieder zurückfahren, um die Produktionsabläufe zu vereinheitlichen und somit effizienter zu gestalten. Er forderte von der Obersten Heeresleitung nicht weniger als die Einbindung der gesamten Industrie in dieses Vorhaben und stieß angesichts der aussichtslosen militärischen Lage durchaus auf Verständnis. Bis zu 40.000 Mann sollten von der Front in die Werften abberufen, weitere Arbeiter aus anderen Industriezweigen abgezogen werden. Auch als die OHL im September dem Kaiser angesichts der Kriegslage unverzügliche Friedensverhandlungen nahelegte, liefen die Vorbereitungen für das Scheer-Programm weiter: Treffen des U-Bootamtes und des Reichsmarineamtes mit Vertretern der Industrie fanden statt, um Materialbedarf, zu bauende Typen und nicht zuletzt die Versorgung der zusätzlichen Arbeiter zu erörtern. Über Ansätze kam das Programm dennoch nicht hinaus und wurde vielmehr vom Ende des Krieges im November 1918 eingeholt. Ähnliches sollte sich 25 Jahre später erneut abspielen.

Kriegsende 1918. In Ehren untergegangen?

Dem Kriegsende ging bereits Monate zuvor ein Vertrauensverlust in die Erfolgsmeldungen im U-Boot-Krieg voraus. In der Presse häuften sich kritische Artikel, die etwa den Personalumbau in der Spitzengliederung der Marine im August 1918 mit den stagnierenden U-Boot-Erfolgen in Verbindung brachten. Auch wurde schon öffentlich diskutiert, inwieweit der U-Boot-Krieg zur aussichtslosen militärischen Lage beigetragen hatte. Die offiziellen Verlautbarungen wurden von den Pressevertretern jedenfalls gleichgültig aufgenommen und nicht im Sinne der Marine weiterverbreitet. Den Versprechungen, mit denen man im Februar 1917 den uneingeschränkten U-Boot-Krieg

Kaiser Wilhelm II., hier mit seinem Bruder Prinz Heinrich von Preußen und Admiral Scheer an Bord des U-Boot-Begleitschiffes »Meteor«, besuchte Ende September 1918 ein letztes Mal seinen Reichskriegshafen Kiel und besichtigte dort auch die U-Boot-Flotte. Militärisch war der Krieg da bereits verloren, sechs Wochen später kam es im Kiel zum Matrosenaufstand und zur Revolution. (Foto Frankl)

Nach der Revolution hielt Gouverneur Gustav Noske im Kieler Hafen am 29. November 1918 eine Ansprache an die von ihren Einsätzen heimgekehrten U-Boot-Fahrer. Ihre Boote sollten nach dem Waffenstillstandsabkommen umgehend desarmiert und an Großbritannien ausgeliefert werden.

durchgesetzt hatte, glaube auch die Bevölkerung immer weniger. Als am 4. Oktober 1918 der neue Reichskanzler Max von Baden über die Schweiz ein Friedensangebot an den U.S.-Präsidenten Woodrow Wilson richtete, wollte die Marineleitung die Angriffe auf die Handelsrouten als Druckmittel aufrechterhalten. Doch auch das erwies sich als Illusion, da die Alliierten im Gegenteil nur unter der Bedingung überhaupt verhandeln wollten, dass der U-Boot-Krieg sofort eingestellt würde. Die Versenkung des Dampfers »Leinster« durch UB 123 am 10. Oktober in der Bucht von Dublin mit mehr als 500 Todesopfern bekräftigte diese Forderung nur und gefährdete die Gespräche über den Frieden.

Die Einstellung des uneingeschränkten U-Boot-Krieges geschah am 20. Oktober 1918, ohne dass das die Marine vor den weiteren Maßnahmen bewahrt hätte: Österreich-Ungarn beendete am 26. Oktober das Bündnis mit dem Deutschen Reich und unterzeichnete am 3. November einen Waffenstillstand, der die Auslieferung von 15 modernen U-Booten, sowie allen deutschen U-Booten im Einflussbereich der k.u.k. Marine vorsah. Der von Deutschland zu unterzeichnende Waffenstillstand vom 11. November 1918 legte fest, dass alle modernen deutschen Kriegsschiffe zu internieren waren. Kurz zuvor hatte der letzte beabsichtigte Flottenvorstoß von Wilhelmshaven aus eine Meuterei ausgelöst, die sich in den folgenden Tagen zur Revolution ausweitete. Doch die neue politische Lage beeinflusste die Haltung der Alliierten nicht. Während die Internierung der Hochseeflotte im britischen Kriegshafen Scapa Flow bewusst als Demütigung inszeniert wurde – der deutsche Verband hatte ein Spalier ausländischer Kriegsschiffe zu passieren und die Kaiserliche Kriegsflagge durfte nicht gezeigt werden – ging die deutsche U-Boot-Waffe vergleichsweise unauffällig ihrem Ende entgegen. Auch sie hatte sich in britische Häfen zu begeben, allerdings nicht in einer Prozession unter den Augen der Weltöffentlichkeit, sondern stückweise. 20 U-Boote brachen am 18. November 1918 nach Harwich auf. In mehreren Staffeln gelangten so bis 1919 knapp 170 U-Boote dorthin, die zum Teil an alliierte Seemächte abgegeben wurden, wobei Großbritannien sich das größte Kontingent sicherte. Einzelne Boote blieben im Mittelmeer oder den Niederlanden. Zwischen den Alliierten wurde vereinbart, dass maximal jeweils zehn der übernommenen Boote auch weiter in den eigenen Marinen dienen durften. Lediglich Frankreich nutzte die ihm zugesprochenen U-Boote aber tatsächlich regulär bis in die 1930er Jahre. Einige Boote dienten Versuchszwecken und wurden erforscht, der überwiegende Teil wurde jedoch noch zu Beginn der 1920er Jahre verschrottet.

Es ist wenig bekannt, wie die U-Boot-Fahrer sich in die revolutionären Ereignisse in Deutschland 1918 einfügten, ob sie überhaupt gesondert in Erscheinung traten. Doch waren die U-Boote im Krieg, anders als die Hochseeflotte, auf mehrere Kriegsschauplätze verteilt gewesen. Es gab zusätzlich zu den Haupthäfen Wilhelmshaven und Kiel Stützpunkte im Mittelmeer und an der flandrischen Küste. Ein großer Teil der U-Boot-Fahrer dürfte von den Umwälzungen also zunächst gar nichts mitbekommen haben. Karl Dönitz, der als

Das britische Schlachtschiff »Hercules« im Kaiser-Wilhelm-Kanal, heute Nord-Ostsee-Kanal, unter der Rendsburger Eisenbahnbrücke auf dem Weg nach Kiel im Dezember 1918, an Bord waren die Vertreter der Alliierten Marinewaffenstillstandskommission zur Überwachung der Desarmierung der U-Boote.

U-Boot-Kommandant in britischer Gefangenschaft vor Gibraltar das Kriegsende erlebte, war laut seinen Erinnerungen eher bruchstückhaft über die Ereignisse unterrichtet und bekam seine Informationen vor allem aus englischen Zeitungen. Er berichtet, dass er sich als U-Boot-Fahrer bedroht fühlte, da diese Zeitungen angeblich die Männer als Kriegsverbrecher diffamierten und vereinzelt gar ihren Tod forderten. Über die neue politische Ordnung in Deutschland äußerte er sich negativ. Als Akteur konnte er aber naturgemäß nicht in Erscheinung treten. Als die Meuterei in der Hochseeflotte auf Schillig Reede vom 29. auf den 30. Oktober 1918 begann, zwang unter anderem ein U-Boot die Männer an Bord der meuternden Linienschiffe zur Aufgabe mit der Drohung, die betroffenen Schiffe zu versenken. Ob die U-Boot-Männer dies tatsächlich getan hätten, wissen wir nicht.

Überliefert sind andererseits vereinzelte Bilder von roten Flaggen auf U-Booten während der Revolution in Kiel. Der Matrose Carl Richard Linke, der 1917 zusammen mit anderen angeblichen Rädelsführern wegen Meuterei verurteilt worden war, befand sich am 6. November 1918 in Rendsburg in Haft. Dort wurde er von einer Abteilung U-Boot-Männer befreit, die keine Kokarden, zum Teil aber rote Armbinden trugen. Linke beschreibt in seinem Tagebuch die Männer wie folgt: »Diese unerschrockenen und entschlossenen Gesichter liessen [!] ahnen, dass diese Leute vor nichts zurückschreckten, und es wäre Torheit gewesen, ihnen Widerstand zu leisten.« Der Direktor der Einrichtung fügte sich dann auch und Linke kam frei. Ob es sich bei den Männern um erfahrene U-Boot-Fahrer oder solche in der Ausbildung handelte, wissen wir nicht. Man darf aber annehmen, dass die U-Boot-Fahrer sich ähnlich verhielten wie andere Marineangehörige: Die Offiziere lehnten den Umsturz ab, die Mannschaften begrüßten ihn. Möglicherweise waren aber beide Gruppen nicht so stark voneinander entfremdet, da die Enge der Boote keine Verhältnisse wie an Bord der Linienschiffe zuließ. Sie mussten auch nur wenig später gemeinsam dafür Sorge tragen, dass die Boote sich in die Internierung begaben, um den Waffenstillstand abzusichern. Einige dürften, wie Linke, aber auch einfach nach Hause gegangen sein. Eine spektakuläre Selbstversenkung wie die der Kaiserlichen Hochseeflotte in Scapa Flow hat es von Seiten der U-Boote nicht gegeben. Bis zur Unterzeichnung des Versailler Vertrages dürfte in weiten Kreisen der Bevölkerung auch die Hoffnung bestanden haben, noch glimpflich davonzukommen. Als diese Hoffnungen sich zerschlugen, waren die U-Boote bereits verschwunden, nicht wenige davon verschrottet. Immerhin hielt sich das Ideal des ehrenvollen Untergehens durch Selbstversenkung im kollektiven Gedächtnis. Es sollte am Ende des Zweiten Weltkrieges wieder das Handeln der Marine bestimmen, dieses Mal auch das der U-Boot-Fahrer.

U-Boote und ihre Mannschaften im Kieler Torpedobootshafen bei der Desarmierung ihrer Schiffe im Dezember 1918.

Die Kieler U-Boote in der Holtenauer Kanalschleuse auf ihrer Fahrt nach Scapa Flow, wo sie an Großbritannien ausgeliefert wurden.

Im Zuge der durch den Versailler Vertrag erforderlichen »Friedenswirtschaft« stellte sich auch die Germaniawerft auf einen zivilen Schiffbau und Reparaturbetrieb um – hier der Frachter »Marie Horn« am Ausrüstungskai, 1925. Inoffiziell und weitgehend geheim arbeitete die Werft jedoch schon seit Anfang der 1920er Jahren wieder an Projekten des militärischen U-Boot-Baus.

Entwicklungen der Zwischenkriegszeit

Das »Ingenierskantoor voor Scheepsbouw« und die Germaniawerft: Der U-Boot-Bau geht weiter

Das Kriegsende brachte, besonders für Kiel, einschneidende Veränderungen mit sich: Innerhalb weniger Tage hatten revoltierende Matrosen und Arbeiter von hier aus das Ende des Kaiserreichs eingeleitet. Der Krieg war vorbei, jedoch ohne dass dessen fatale Folgen für die deutsche Bevölkerung aufhörten. Die britische Seeblockade wurde nach wie vor aufrechterhalten und beeinträchtigte die Versorgung. Auf den Straßen herrschte zum Teil Bürgerkrieg. Die Kieler Werftindustrie, die sich im Krieg voll auf ihre Rolle als Zulieferer der Kaiserlichen Marine fokussiert hatte, wurde 1919 von den Bedingungen des Versailler Vertrages entsprechend schwer getroffen: Die deutschen Überseestreitkräfte beschränkten sich fortan auf eine Anzahl älterer Linienschiffe, die Gesamtstärke der Marine durfte 15.000 Mann nicht überschreiten. In der Hochzeit waren es 275.000 gewesen. An den Neubau schwerer Einheiten war nicht zu denken. U-Boote zu besitzen, war Deutschland auch fortan generell untersagt, selbst zu Handelszwecken. Vorhandenes Know-How im Kriegsschiffbau anzuwenden war folglich entweder verboten, oder wurde aus mangelndem Bedarf nicht mehr abgerufen. Das Ansehen der Marine war ohnehin, besonders in bürgerlichen Kreisen, auf einem absoluten Tiefpunkt angekommen. Ehemalige Rüstungsbetriebe mussten nun versuchen, sich dem zivilen Markt zuzuwenden. Etwa 10% der Bevölkerung Kiels verließ alleine im ersten Jahr nach dem Krieg die Stadt. Die Bevölkerungszahl schrumpfte von 243.000 auf 205.000 und stieg in den Folgejahren nur sehr langsam wieder an.

Das U-Boot-Verbot bezog sich nicht nur auf die Boote selbst, die ausgeliefert wurden, sondern auch auf die werfteigene Infrastruktur. So waren U-Boot-Hebeschiffe ebenso wie Dockanlagen an die Alliierten abzugeben. Noch im Bau befindliche U-Boote mussten je nach Bauzustand entweder ebenfalls übergeben oder abgebrochen werden. Über all dies wachte eine alliierte Kommission. Einzig die Konstruktionsunterlagen durften in Deutschland verbleiben und hatten in dem Bemühen, wieder im U-Boot-Bau Fuß zu fassen, wenig später eine zentrale Bedeutung. Nachdem die zuständigen deutschen Kommandobehörden aufgelöst waren, wurde in Kiel in der neuen Inspektion für das Torpedo- und Minenwesen eine U-Boot-Abteilung eingerichtet, die sich an die Auswertung von Erprobungsberichten, Kriegstagebüchern und anderen Dokumenten aus dem Krieg machte. Ab 1922 fand diese Auswertung beim Reichsarchiv statt, das 1919 in Potsdam gegründet worden war, um vorwiegend militärische Akten des Deutschen Reichs zu sammeln und zu erforschen. Hier entstand eine vielbändige Gesamtdarstellung des Ersten Weltkrieges. Kritische Manuskripte wurden jedoch nicht oder nur für den internen Gebrauch veröffentlicht. So erschien der vierte Band der Darstellung des U-Boot-Krieges erst 1941 und nur zum marineinternen Gebrauch. Ein fünfter Band, der die Aufnahme des uneingeschränkten U-Boot-Krieges 1917 bis Kriegssende behandelte, wurde nie veröffentlicht. Interne Dienstschriften wurden zu dem Zweck ausgearbeitet, im Krieg erworbenes Wissen zu konservieren und an kommende Offiziersgenerationen weiterzugeben.

Das deutsche Interesse, weiterhin im U-Boot-Bau aktiv zu sein, hatte mehrere Gründe: Deutsche Werften hatten vor dem Krieg lukrative Exportaufträge erhalten. Technisch galten ihre U-Boote als hervorragend, wenn nicht führend in der Welt. Diese Stellung wollte man halten. Die Marine sah das Land durch das Verbot sogar in seiner Existenz bedroht und glaubte, U-Boote auch künftig, zumindest für die Küstenverteidigung, unbedingt zu brauchen. Die in den 1920er Jahren verfassten marineinternen Dienstschriften und Winterarbeiten befassten sich häufig mit U-Bootsfragen. Von ihnen kamen wertvolle Anregungen, um das Seekriegsmittel U-Boot weiterzuentwickeln und um neue Führungsmittel zu ergänzen. Neben sachlichen Erwägungen sollte man den Revanchegedanken innerhalb der Marine nicht unterschätzen. Die Motive, die Bedingungen des Versailler Vertrages zu unterlaufen, waren also ebenso vielfältig wie stark. Bereits 1920 unternahm man den ersten von vielen Vertragsbrüchen, als die Germania- und die Vulcanwerft Planskizzen für U-Boote nach Japan verkauften und deren Bau dort mit Fachpersonal unterstützten. Befreundeten oder neutralen Staaten in dieser Weise auszuhelfen sah man als zweckdienlich an, um die eigenen Fähigkeiten zu erhalten. Argentinien war das nächste Land, in das man 1921 deutsche Fachleute entsandte, um den Bau von zehn U-Booten nach aktuellem Stand der deutschen Technik zu überwachen und beratend tätig zu sein. Parallel wurde in ähnlicher Weise mit Italien verhandelt. Offiziell war es deutschen Firmen verboten, sich an solchen Rüstungsprojekten im Ausland zu beteiligen. Um dennoch damit fortfahren zu können, wurde daher in Holland eine Firma gegründet, das N.V. Ingenieurskaantor voor Scheepsnbouw (IvS) mit Sitz in Den Haag. Die drei deutschen Werften Vulcan und Germania aus Kiel, sowie die Bremer Werft A.G. »Weser« brachten das Gründungskapital ein. Dr. Ing. e.h. Hans Techel, zuvor erfolgreicher U-Boot-Konstrukteur bei der Germaniawerft, ernannte man zum Leiter. Auf ihn gingen im Krieg die meisten Konstruktionen von Zweihüllenbooten zurück. In Erinnerung an seine Bedeutung für den U-Boot-Bau wurde viele Jahre später das erste U-Boot der Klasse 202 der Bundesmarine auf seinen Namen getauft.

Zunächst wurden die rein theoretischen Arbeiten noch auf dem Werftgelände der Germaniawerft in Kiel erledigt, wo sich auch die benötigten Pläne befanden, aus denen man Angebote für U-Boot-Konstruktionen ableitete. Erst 1925 zog die Firma auch physisch nach Den Haag um, wo sie elf Mitarbeiter beschäftigte. Der Stamm setzte sich aus ehemaligen U-Boot-Konstrukteuren der Germaniawerft zusammen. Aus den noch vorhandenen Unterlagen sollten neue U-Boote entwickelt werden, die man den ausländischen Marinen anbieten wollte. Doch waren die ersten Jahre von wenig Erfolg gekrönt. Argentinien stellte seine Bemühungen ein und auch Italien erteilte keinen Auftrag. In Spanien musste man sich einem amerikanischen Mitbewerber geschlagen geben. Weitere Bauten wurden dort 1925 auf Eis gelegt. So konnte das IvS zwar innerhalb weniger Jahre auf 53 ausgearbeitete Projekte zurückblicken, verwirklicht wurde jedoch keines davon. Als kleines Büro, das nur inoffiziell von der Werftindustrie unterstützt werden durfte, war man wohl nicht konkurrenzfähig. Die Situation sollte mit einer günstigeren Kapitalausstattung verbessert werden und so geriet die Firma in das Netzwerk um den Kapitän zur See Walter Lohmann, der über Scheinfirmen Gelder in nach damaligen Maßstäben illegale deutsche Rüstungsprojekte umleitete. Lohmann verwaltete im Auftrag der Reichsmarine seit 1923 »schwarze Kassen«. Den Grundstock zu diesem Fonds hatten illegale Verkäufe von Schiffen ins Ausland geliefert, die eigentlich hätten verschrottet werden sollen. Mit dem Geld wurden neben U-Booten auch die ebenfalls verbotenen Militärflugzeuge weiterentwickelt, ein Marine-Nachrichtendienst aufgebaut und der Offiziersnachwuchs gefördert. Alles diente dem Ziel, für eine Zeit nach der Überwindung der Versailler Friedensbedingungen rüstungstechnisch konkurrenzfähig zu sein. Zwar flog das Netzwerk Lohmanns durch eine Zeitungskampagne 1927 auf. Doch konnte die Reichsregierung die verborgenen illegalen Rüstungsaktivitäten vertuschen, und ihr wahres Ausmaß blieb der Öffentlichkeit verborgen.

Die Marine hatte sich seit 1921 auf die Förderung von U-Booten mittlerer Größe konzentriert, weil sie diese später selbst zu nutzen gedachte. Als Vor-

Im Juni 1926 besuchten U-Boote der niederländischen Marine Kiel, im Hintergrund der Tender »Nordsee« und der Kleine Kreuzer »Nymphe«. Der Versailler Vertrag sah vor, dass Deutschland keine eigenen U-Boote mehr baute oder besaß; dennoch arbeiteten Kieler Konstrukteure in Kooperation mit den Niederlanden oder mit Finnland in den 1920er Jahren wieder an solchen Rüstungsprojekten. (Foto Schäfer)

lage dienten demnach die im Ersten Weltkrieg entwickelten Typen UB III und UC III, welche etwa 600 t verdrängten und im Vorschiff entweder vier Torpedorohre oder Minenschächte besaßen. Die bessere finanzielle Ausstattung des IvS zahlte sich aus: Mit zugesagten Zuschüssen von einer Millionen Reichsmark im Rücken gelang es dem Büro 1925, einen Konstruktionsauftrag für zwei 500 t U-Boote aus der Türkei zu erhalten. Beide Boote wurden als Auftragsarbeit in den Niederlanden gebaut. Die Reichsmarine trat über eine Scheinfirma als Hauptaktionär neben den drei Werften auf. Sie unterhielt unter einer Tarnbezeichnung inzwischen auch eine eigene U-Boot-Dienststelle in Berlin, deren Leiter Kapitän zur See Arno Spindler war, Autor der U-Boot-Bände aus dem offiziellen Seekriegsgeschichtswerk. Sie betätigte sich auch als Konstruktionsbüro. Der Vertrag mit der Türkei sah vor, dass Vertreter des IvS an den Erprobungsfahrten teilnehmen durften, was aus Sicherheitsgründen jedoch aktive Offiziere der Reichsmarine ausschloss. Geeignete Kandidaten wurden daher entweder kurzfristig aus dem Dienst entlassen oder man griff auf ehemalige U-Boot-Fahrer zurück, die inzwischen keine Marineangehörigen mehr waren. Bei den Überführungsfahrten im Frühjahr 1928 war die gesamte Mannschaft deutsch. Ihre Erfahrungen mit diesen weiterentwickelten Booten konnten in die verdeckte Ausbildung des Marinenachwuchses einfließen.

Weiterhin gelang es dem IvS, von der finnischen Marine drei Konstruktionsaufträge zu erhalten. Kern dieses U-Boot-Typs war die Kombination von Minenlegeigenschafften mit einer Torpedobewaffnung. Dies wurde dadurch erreicht, dass die Minenschächte außerhalb des Druckkörpers angebracht wurden und damit jeweils seitlich am Rumpf lagen. Im September 1926 begann in Finnland die erste Kiellegung. Die Arbeiten mussten aufgrund der harschen Winter mehrfach unterbrochen werden. Doch erlaubte die abgelegene Lage der Bauwerft, bei dem deutschen Erprobungspersonal auf die zuvor angewandten Täuschungsmanöver zu verzichten. Für die Reichsmarine waren diese Erprobungsfahrten von besonderer Bedeutung: Der für Finnland realisierte Bootstyp entsprach auch den Vorstellungen für eigene U-Boote, sobald das wieder möglich war. Weiterhin wurde erneut und diesmal erfolgreich mit Spanien verhandelt. Hier konnte man einen noch im Krieg begonnenen, aber nicht fertig konstruierten Entwurf zuende entwickeln, der die Urform des berühmten Typ VII aus dem Zweiten Weltkrieg darstellte. Das Boot verdrängte 800 t und verfügte über sechs Torpedorohre, die den inzwischen international weit verbreiteten 7m-Torpedo vom Kaliber 53,3 aufnehmen konnten. Die Kiellegung des als E1 bezeichneten Bootes fand im Februar 1929 statt. Als der spanische Projektpartner in Konkurs ging, übernahm die deutsche Marine die Verbindlichkeiten. Spanien besaß fortan lediglich noch das Ankaufsrecht. Zusammen mit einem kleinen, wiederum für Finnland konstruierten Küsten-U-Boot hatte man nun zwei U-Boot-Typen erproben und zur Serienreife bringen können, die dann auch tatsächlich, mehrfach modifiziert und weiterentwickelt, mit den Typen II und VII den Grundstock der neuen deutschen U-Boot-Waffe bildeten.

Schon einige Jahre bevor das deutsch-britische Flottenabkommen von 1935 wieder die Bewaffnung mit U-Booten zuließ, wurde in Kiel-Wik ein Stützpunkt mit einer U-Boot-Schule eingerichtet, in der 1933 bereits 80 Offiziere, Unteroffiziere und Mannschaften ausgebildet wurden. (Foto um 1936)

Das deutsch-britische Flottenabkommen und der offizielle Wiederbeginn der deutschen U-Boot-Waffe

Als am 18. Juni 1935 das deutsch-britische Flottenabkommen unterzeichnet wurde, war die neue deutsche U-Boot-Waffe bereits weit fortgeschritten. Im Geheimen war die benötigte Infrastruktur längst geschaffen worden und es wurde nur auf einen günstigen Zeitpunkt gewartet, zu dem man die jahrelang praktizierte Tarnung der Rüstungsprojekte fallen lassen konnte. Schon 1932 waren Gelder geflossen, um Werften mit Material und Maschinen auszustatten und einen U-Boot-Stützpunkt in Kiel-Wik zu bauen. Bis 1938 sollte nach damaliger Planung eine Flotte von je acht mittleren und großen Booten realisiert sein, aufgegliedert in drei Halbflottillen von je vier Booten sowie weiteren vier zu Schulungs- und Erprobungszwecken. Das Vorhaben sollte in drei Phasen verwirklicht werden und schon die erste Phase wurde mit acht Millionen Reichsmark finanziert. Offiziell nannte man das Programm »Motorenversuchsboot« (MVB). Im Dezember 1932 entschloss man sich, statt mittleren Booten von 500 t lieber kleine Boote von 250 t anzustreben, da diese schneller zu realisieren waren. Die Deutschen Werke in Kiel erhielten vor der marineeigenen Werft in Wilhelmshaven den Zuschlag. 1933 wurde darüber hinaus der Bau einer U-Boot-Schule in Kiel genehmigt, die offiziell als U-Boot-Abwehr-Schule bezeichnet wurde. Die Planungen wurden in den Folgejahren immer wieder angepasst, doch eines blieb sicher: Kiel sollte auch in Zukunft wieder das Zentrum des deutschen U-Boot-Baus sein.

International bemühten sich die großen Seemächte seit 1922 auf mehreren Konferenzen um Abrüstung. Die deutsche Marine kam bei diesen Treffen nicht vor, da man durch den Versailler Vertrag keine Notwendigkeit sah, mit Deutschland über Tonnagen und Schiffsklassen verhandeln zu müssen. Vorwiegend ging es um einen Ausgleich zwischen den USA, Großbritannien, Frankreich, Italien und Japan, um nach dem Ersten Weltkrieg eine stabile maritime Machtkonstellation zu schaffen. Es wurden Tonnageobergrenzen eingeführt, ebenso zeitlich begrenzte Neubauverbote für Großkampfschiffe. Auch wurden die Flottenstärken der einzelnen Vertragspartner nach oben limitiert. Die Ächtung des U-Bootes als Seekriegsmittel ließ sich nicht durchsetzen, jedoch wurde der Handelskrieg nach Prisenordnung bekräftigt, wozu sich später auch Deutschland bekannte.

Die Machtübernahme der Nationalsozialisten und die darauf folgende aggressive Rhetorik Hitlers gegen den Versailler Vertrag bestätigten und ermutigten die Marineleitung in ihrem Glauben, dass die Beschränkungen nicht ewig gelten würden. Schon im April 1933 stellte man für die U-Boote Überlegungen an, die weit über die bisher angestrebten 16 Boote hinausgehen, wich jedoch wieder davon ab. Im Oktober 1933 wurden aber bereits die ersten Offiziere, Unteroffiziere und Mannschaften in Kiel ausgebildet, insgesamt gut 80 Mann. Allerdings verschob man den ebenfalls für 1933 vorgesehenen Baubeginn der neuen Boote, da

Hitler außenpolitisch noch auf England Rücksicht nahm. Es wurden zunächst Vorbereitungen für den Bau von sechs kleinen und zwei großen U-Booten getroffen. Ab 1934 wurden die Arbeiten intensiviert: Im Januar traf Walzmaterial in Kiel ein, welches vom Ruhrgebiet über Holland nach Deutschland geleitet wurde. Haupt- und Hilfsmaschinen folgten im Frühjahr, Torpedorohre wurden bereits vor Ort vom Zulieferer Pintsch gefertigt. Zudem wurden Hallen auf den Werften errichtet, und man wickelte nicht mehr jeden Schritt über das IvS in Rotterdam ab. Alles in allem zeugten die Arbeiten im Jahr 1934 von einer gewissen Frechheit. Am 27. Juni ordnete der Chef der Marineleitung Erich Raeder an, mit den Vorbereitungen zum Bau von sechs weiteren 250 t-Booten zu beginnen. An zweien wurde bereits gearbeitet, Torpedos befanden sich ebenfalls in der Entwicklung. Als dritte Werft neben Germania und Deutsche Werke wurde schließlich noch der Deschimag-Konzern mit der Werft A.G. »Weser« für den U-Boot-Bau vorgesehen und mit Teilen versorgt. Die Werften arbeiteten so, dass zunächst alle einzelnen Komponenten wie Antrieb, Bewaffnung, Sehrohre etc. zusammengetragen und gelagert wurden. Nachdem der Befehl zum Zusammenbau einmal gegeben war, sollten innerhalb weniger Monate die ersten U-Boote zur Verfügung stehen.

Allerdings wurden die Bestrebungen dadurch gebremst, dass Hitler Raeder erneut anwies, mit der Fertigstellung der im Bau befindlichen Boote noch abzuwarten. Man verschob daher den Ablieferungstermin für das erste kleine U-Boot vom Oktober 1934 auf den April 1935. Mit dem Zusammenbau der großen Boote sollte überhaupt erst 1935 begonnen werden. Jedoch lief die Ausbildung weiter und der ersten folgte bald eine zweite Klasse von Offizieren, Unteroffizieren und Mannschaften, die an der U-Boot-Schule gefördert wurden. Der Befehl zum Zusammenbau der ersten 250 t Boote erfolgte am 2. Februar 1935. U 1 hatte seinen Stapellauf am 15. Juni 1935. Als das deutsch-britische Flottenabkommen in Kraft trat, folgte die Indienststellung des ersten Ausbildungsverbandes und der ersten U-Flottille auf dem Fuße und überraschte das Ausland. Die Maßnahmen zur Verschleierung der Aktivitäten waren offenbar erfolgreich gewesen. Die 1. U-Flottille trug den Namen »Weddigen« und beendete zumindest seitens der Marine symbolisch die Rücksichtnahme gegenüber dem Inselreich, wenngleich Hitler nach wie vor England als Verbündeten betrachtete.

Das Abkommen legalisierte die deutsche U-Boot-Rüstung künftig, wenn es auch den Versailler Vertrag in diesem Punkt nicht offiziell revidierte und Frankreich entsprechend scharf protestierte. Großbritannien gestand dem Deutschen Reich zu, seine eigene Marine auf maximal 35% der britischen Flottenstärke auszubauen. Bei den U-Booten waren sogar 100% erlaubt, allerdings erklärte sich Deutschland bereit, davon nur 45% ausschöpfen zu wollen. England hoffte auf diese Art, das aggressive Machtstreben des Nazi-Regimes einhegen und ein Wettrüsten wie vor 1914 verhindern zu können. Bis das deutsch-englische Flottenabkommen im April 1939 von Hitler aufgekündigt wurde, bedeutete selbst die Parität mit der englischen U-Boot-Waffe, dass Deutschland nur über etwa 120

Ab 1935 baute die Kriegsmarine offiziell U-Boote; ihr »U 1« lief am 15. Juni vom Stapel. Im September des Jahres wurde bereits eine Flottille aus sechs Booten aufgestellt, die mit Bezug auf den Heldenmythos aus dem Ersten Weltkrieg den Namen »Weddingen« erhielt, hier mit dem U-Boot-Begleitschiff »Saar«. (Foto Schäfer, 1935)

Nach einer Übung laufen die U-Bote vom Typ II der Flottille »Weddingen« in den Kieler Hafen ein. (Foto Urbahns, 1936)

U-Boote verfügen würde, da England hier selbst keine Schwerpunkte setzte. Durch die Existenz des Sonars galt das U-Boot nicht mehr als ernsthafte Bedrohung. Auch innerhalb der Kriegsmarine hatte das U-Boot zwar Befürworter, doch war auch die so genannte »Dickschiff-Fraktion« in allen maßgeblichen Gremien vertreten und verhinderte ein eindeutiges Bekenntnis zu diesem Seekriegsmittel.

Das U-Boot in der Seestrategie der Kriegsmarine

Als Karl Dönitz 1935 mit der Weiterentwicklung einer deutschen U-Boot-Waffe beauftragt wurde, war dieser zunächst nicht begeistert. In seinen Memoiren schilderte er den Eindruck, auf ein Nebengleis geschoben worden zu sein. Denn trotz der intensiven Bemühungen, unter Umgehung des Versailler Vertrages das Waffensystem U-Boot technisch weiterzuentwickeln, war diesem in der Gesamtplanung keine führende Rolle zugedacht. Schon der Schiffbauersatzplan der Reichsmarine von 1928 legte das Schwergewicht auf Panzerschiffe, von denen man hoffte, bis 1940 acht Stück realisieren zu können. Es handelte sich dabei um eine Minimalforderung, immer vorausgesetzt, die im Versailler Vertrag verankerte Tonnagebegrenzung auf 10.000 t pro Schiff bliebe erhalten. Erich Raeder hielt es als Chef der Marineleitung für angebracht, in der Politik vorsichtig zu agieren, zumal der Bau des ersten Panzerschiffs schon erhebliche innenpolitische Kontroversen ausgelöst hatte. So war die SPD mit dem Slogan »Kinderspeisung statt Panzerkreuzer« 1928 in den Wahlkampf getreten.

Zumindest vor 1938 war Raeder auch bemüht, die Fehler der deutschen Seestrategie im Ersten Weltkrieg nicht zu wiederholen: Er war sich der Tatsache wohl bewusst, dass die geostrategische Lage Deutschlands zukünftig stärker berücksichtigt werden müsse. Er setzte auch auf eine einheitliche Seekriegsleitung wie sie, viel zu spät, 1918 in der Kaiserlichen Marine eingerichtet worden war. Schließlich verließ Raeder sich auf Hitlers Garantie, dass England als künftiger Kriegsgegner unbeachtet bleiben könne und konzentrierte sich ganz auf eine mögliche Auseinandersetzung mit Frankreich und Russland, die bis 1938 bestimmend in der deutschen Marineplanung blieb. 1937 stellte er in einem Vortrag vor Hitler und weiteren NS-Funktionären seine Seestrategie vor, die alle möglichen Kriegsschauplätze als miteinander verbunden ansah. Es war eine Lehre, die Raeder auch aus der Analyse des Kreuzerkrieges im Ersten Weltkrieg gezogen hatte. Ihm war aufgefallen, dass die zersplitterte Führungsstruktur der Kaiserlichen Marine verhindert hatte, günstige Momente zu nutzen, wenn gegnerische Seestreitkräfte an einem Ort gebunden waren und daher an einem anderen Ort fehlten. Auch strich er heraus, dass die Kriegführung zu Land und zur See koordiniert werden müsse, was im Ersten Weltkrieg ebenfalls kaum geschehen war.

Stück für Stück rückte England dennoch wieder in den Fokus. Spätestens im Frühjahr 1938 forderte Hitler seine Oberbefehlshaber dazu auf, sich dieser

Bug und Geschützturm von »U 10« beim Auftauchen (Foto Schäfer, um 1936)

Tatsache bewusst zu werden, als er Widerstand gegen seine Expansionspolitik erfuhr. Raeder verfügte im Sommer 1938 über Analysen, welche ergaben, dass Erfolge gegen England nur im Kreuzerkrieg und mit U-Booten überhaupt zu erwarten waren. Operative Schlussfolgerungen zog die Marine daraus jedoch nicht, ebenso nicht aus der Möglichkeit, auch mit den USA in Konflikt zu geraten. Allenfalls wurde in Betracht gezogen, im Falle einer solch ungünstigen Konstellation Dänemark zu besetzten, um den eigenen Küstenstreifen zu verlängern. Fregattenkapitän Hellmuth Heye sprach sich in einer marineinternen Denkschrift für den Fall eines Krieges gegen England für einen reinen Kreuzerkrieg mit Panzerschiffen gegen den britischen Seehandel aus. Nach wie vor forderten aber auch viele höhere Offiziere den Bau schwerer und schwerster Einheiten, ohne jedoch konkrete Einsatzmöglichkeiten zu sehen. Hier wirkte offenbar noch der Geist der Tirpitz-Ära. Unterstützt wurden diese Offiziere von Hitler selbst, der ebenfalls solche Schiffe wünschte und auf dessen Weisung hin die geplanten Einheiten nach »Bismarck« und »Tirpitz« noch weit größer sein sollten. Dönitz wiederum sprach sich für die U-Boot-Waffe aus. Der im Herbst 1938 entstandene Z-Plan stellte den Versuch dar, diese drei verschiedenen Ansätze miteinander zu vereinen. Er beinhaltete ein Schwergewicht bei Schlachtschiffen, von denen etwa im Jahre 1946 zehn zur Verfügung stehen sollten. 12 Panzerschiffe sollten zusätzlich zu den drei bereits fertigen gebaut werden. U-Boote waren in einer Gesamtzahl von 249 vorgesehen. Karl Dönitz war als Führer der U-Boote an diesen Planungen zwar nicht beteiligt. Im Frühjahr 1939 nahm er jedoch an einem Kriegsspiel teil, aus dem er die Forderung ableitete, die im Z-Plan vorgesehene Zahl der U-Boote auf 350 zu steigern. Tatsächlich wurden im August 1939 Vorbereitungen getroffen, die Zahl der Werften zu erhöhen, die man für den U-Boot-Bau vorgesehen hatte.

Der Z-Plan bedeutete einen Bruch des Flottenabkommens, das dann auch im Frühjahr 1939 einseitig von Hitler aufgekündigt wurde. Im Kriegsfall sollten die Schlachtschiffe die Aufgabe haben, die englischen Großkampfschiffe in den Heimatgewässern zu binden, während Kreuzer, Panzerschiffe und U-Boote die Handelsrouten direkt angriffen. Besonders schwere Einheiten sollten darüber hinaus jene Seestreitkräfte angreifen und vernichten, die zum Schutz der Handelsschifffahrt abkommandiert sein würden. Die unverändert schlechte geostrategische Lage des Reiches blieb in den Überlegungen ebenso außen vor wie die USA als weiterer möglicher Kriegsgegner. Offenbar glaubte Raeder, dass Hitlers Politik ihm die Zeit geben würde, die benötigten Schiffe auch zu bauen. All diese Bedenken drängten erst in dem Moment wieder in den Vordergrund, als im September 1939 der Krieg von Deutschland entfesselt wurde, aus Marinesicht viel zu früh und weitgehend unerwartet. Neben dem allmählichen Paradigmenwechsel in den strategischen Überlegungen blieben die Vorkriegsplanungen auch von Materialknappheit und Mangel an Arbeitskräften bestimmt. Hitlers stetiges Eingreifen war ein weiterer Faktor, der die Bauprogramme beeinflusste und mehrmals umstieß.

Der U-Boot-Tender »Acheron« und die Boote »U 21«, U 26«, »U 27«, »U 28«, »U 33« und »U 34« der Kriegsmarine liegen an der Kieler Blücherbrücke, im Hintergrund die Marineakademie. (Foto Schäfer, 1936)

Während Raeder im September 1939 resignierte und den ehrenvollen Untergang als das einzig mögliche Schicksal seiner unvollendeten Flotte ansah – der entsprechende Eintrag im KTB der Seekriegsleitung ist oft zitiert worden – sah Dönitz seine Stunde gekommen. Er hatte bereits eine Alternative zu der nur in Ansätzen erkennbaren Seestrategie entwickelt, die er als Gruppentaktik für U-Boote vorstellte. Diese sollten gruppenweise, in »Rudeln« und vorzugsweise bei Nacht auf den gegnerischen Seehandel angesetzt werden, der mit großer Wahrscheinlichkeit in Konvois fahren würde. Die Funktechnik gab zusammen mit der Verschlüsselung die Möglichkeit, solche Angriffe von Land aus koordinieren zu können. Dies hatte im Ersten Weltkrieg noch gefehlt. Nach dem Beginn des Krieges hatte seine Meinung größeres Gewicht, schon alleine deswegen, weil U-Boote schneller und in größerer Zahl gebaut werden konnten als Flugzeugträger oder Großkampfschiffe. Eine entsprechende Denkschrift legte Dönitz am 1. September 1939 vor. Sie kam zwar zu spät, um die Schwerpunktsetzung des Z-Planes zu verändern. Doch die Kriegserklärung Großbritanniens an Deutschland machte diesen ohnehin zunichte. Nur die bereits weit fortgeschrittenen Schiffe sollten noch fertig gebaut werden. Die beiden bereits begonnenen Schlachtschiffe des Z-Plans wurden hingegen abgebrochen.

Dönitz beklagte sich nach dem Krieg, dass dennoch erst spät dem U-Boot-Bau die notwendige Priorität eingeräumt worden war. Seine Seestrategie ging von einer simplen Prämisse aus: Die deutschen U-Boote mussten mehr Schiffe versenken, als Großbritannien durch Neubauten ersetzen konnte. Darauf basierend entwickelte er das Konzept des ökonomischen Einsatzes. Die U-Boote sollten ihre Versenkungserfolge dort erzielen, wo es für sie selbst am leichtesten war. Ob die versenkten Schiffe beladen oder unbeladen waren, ob sie England ansteuerten oder verließen, war in diesem Konzept zweitrangig. Weiterhin sah Dönitz einen Zeitfaktor in seiner Seestrategie. Es ging ihm darum, möglichst schnell und hart zuzuschlagen, bevor England seine Abwehrmaßnahmen der Bedrohung angepasst hätte. Er war sich bewusst, dass Versenkungserfolge im weiteren Verlauf des Krieges schwerer zu erzielen sein würden. Nach dem Krieg wurde dann auch von ihm das größte Versäumnis darin gesehen, dass der U-Boot-Bau nicht in ausreichendem Maße vorangetrieben worden war.

Das U-Boot-Ehrenmal von 1930 in Möltenort an der Kieler Förde wurde 1938 nach einem Entwurf von Fritz Schmoll als monumentale Säule, auf der ein Adler thront, geschmückt mit einer Swastika sowie flankiert von zwei Ehrentempeln, neu errichtet. Es diente dem Totengedenken und zugleich der NS-Kriegspropaganda. (Foto von 1939, im Hintergrund das Schlachtschiff »Gneisenau«)

Besatzung von »U 35« der 2. U-Bootflottille »Salzwedel« der Kriegsmarine. (Foto Urbahns, 1937)

Auch zu Beginn des Zweiten Weltkriegs gelang einem deutschen U-Boot ein spektakulärer Coup, der in der Propaganda ausgenutzt wurde: »U 47« unter Kapitänleutnant Günther Prien – hier bei der Rückkehr in den Heimathafen Kiel am 24. 10. 1939 – war in den britischen Stützpunkt Scapa Flow eingedrungen und hatte das Schlachtschiff »Royal Oak« versenkt.

U-Boote im Zweiten Weltkrieg

Günther Prien und Scapa Flow: Vom Mythos der U-Boot-Asse

Als der Zweite Weltkrieg begann, war die deutsche U-Boot-Waffe noch weit davon entfernt, das von Dönitz vorgestellte Konzept des gruppenweisen Einsatzes verwirklichen zu können. Lediglich 57 Boote besaß die Kriegsmarine überhaupt, davon war nur etwa die Hälfte für Operationen im Atlantik geeignet. Auch herrschte ein Mangel an Seeaufklärern, um die gegnerischen Handelsschiffe in den Weiten des Ozeans überhaupt finden zu können. Der Umstand, dass Hermann Göring der Marine noch vor dem Krieg den Zugriff auf diese Spezialflugzeuge entzogen hatte, belastete den Einsatz der U-Boote noch, als diese endlich zahlreicher zur Verfügung standen. Ein weiterer limitierender Faktor blieb die Anzahl von Booten, die für die Ausbildung benötigt wurden. U-Boote, die sich im Anmarsch oder auf dem Rückmarsch befanden, waren ebenfalls gebunden, ohne Versenkungserfolge zu erzielen. Dies blieb weitgehend während des gesamten Krieges so. Egal wie hoch die Gesamtzahl war, nur etwa ein Drittel konnte tatsächlich in den Einsatzgebieten stehen.

Die ersten, zum Teil spektakulären Erfolge konnten daher nur mit Glück und von Einzelfahrern gelingen. Am 17. September 1939 versenkte U 29 unter dem Kommando von Otto Schuhart den britischen Flugzeugträger »Courageous« südwestlich von Irland. Der Verlust erregte in Deutschland großes Aufsehen und wurde von der Propaganda entsprechend ausgeschlachtet. Einen Monat später gelang Günther Prien jedoch jener Erfolg, der ihn zu einem der berühmtesten U-Boot-Fahrer überhaupt machen sollte: Am 14. Oktober 1939 drang er mit U 47 in den Flottenstützpunkt Scapa Flow ein, wo er das Schlachtschiff »Royal Oak« versenken und ein weiteres Schiff torpedieren konnte. Prien gelang es, zu entkommen und wurde in der Folgezeit eine Berühmtheit. Dabei spielten mehrere Faktoren eine Rolle: Scapa Flow war für die deutsche Marine ein symbolträchtiger Ort. Ausgerechnet hier, im Haupthafen des Kriegsgegners Großbritannien war seinerzeit die Hochseeflotte interniert worden. Mit ihrer Selbstversenkung hatte die Kaiserliche Marine sich nach der Revolution wieder etwas Ansehen erkämpfen können. Doch die Nachforderungen der Alliierten für die verloren gegangenen Schiffe belasteten die junge Weimarer Republik noch mehr. Der Royal Navy gerade dort einen schweren Verlust beigebracht zu haben, verstärkte die Wirkung von Priens Versenkungserfolg erheblich. Darüber hinaus nährte der Einsatz den Nimbus der Wunderwaffe, den das U-Boot schon im Ersten Weltkrieg in der Propaganda erhalten hatte. Und schließlich bot sich Prien als charismatischer Held an, schrieb seine Memoiren und nahm bereitwillig an Interviews, Aufmärschen und anderen öffentlichkeitswirksamen Auftritten teil.

Der Vergleich mit Otto Weddigen drängt sich auf: U 47 wurde beim Einlaufen in Wilhelmshaven ehrenvoll von anderen Marineeinheiten empfangen. Die Besatzung wurde mit Hitlers Privatflugzeug nach Berlin geflogen, wo Prien als erster Marineoffizier im Zweiten Weltkrieg mit dem Ritterkreuz ausgezeichnet wurde. Er greift jedoch zu kurz: Prien fügte der Ikonographie des deutschen U-Bootes neue Facetten hinzu. So waren die Möglichkeiten, ihn als Kriegshelden der Bevölkerung zu präsentieren durch die Wochenschauen und das Radio weitreichender. Sein Ruhm blieb dabei weder auf den deutschen Sprachraum, noch auf die Zeit des Zweiten Weltkrieges beschränkt: Die 1940 veröffentlichte Autobiografie »Mein Weg nach Scapa Flow« wurde in mehreren Sprachen verlegt und erschien nach dem Krieg sogar in England. Und schließlich endete Priens Leben nicht, ohne zuvor noch weitere erfolgreiche Einsätze erlebt zu haben, die ihn zu einem der legendären U-Boot-Asse werden ließen. Denn der Maßstab, mit dem ihre Leistungen gemessen und nach dem ihre Ehrenzeichen verliehen wurden hieß fortan Tonnage.

Zusammen mit Joachim Schepke und Otto Kretschmer beherrschte Prien für mehrere Monate die Propaganda und scheinbar auch die See: Bis zu seinem Untergang mit U 47 versenkte er mehr als 211.000 t an feindlicher Tonnage. Schepke gab ähnliche Summen an, die ihm ebenfalls das Ritterkreuz einbrachten. Kretschmer kam sogar auf die höchste Zahl des gesamten Krieges, obwohl er bereits im März 1941 in Kriegsgefangenschaft geriet, als sein U-Boot an einem Geleitzug scheiterte und schwer beschädigt wurde. Es war nicht nur in der Kriegsmarine allgemein üblich, dass Versenkungszahlen großzügig aufgerundet wurden. Dies

Die Versenkung der »Royal Oak« in Scapa Flow durch Kapitänleutnant Prien und »U 47« hatte für die deutsche Marine großen Symbolwert, schien sie doch die Schmach zu tilgen, die mit der Ablieferung der Kaiserlichen Flotte an die Briten 20 Jahre zuvor verbunden war. Der feierliche Empfang des U-Bootes in Kiel wurde in einem monumentalen Ölgemälde von Walter Hemming 1943 für das Offiziersheim der Marineoffiziersschule Plön in Szene gesetzt. (heute in der Sammlung des Kieler Schifffahrtsmuseums)

Mit dem vom Marinemaler Adolf Bock illustrierten Brettspiel »Mit Prien gegen England« – hier wurden per Würfel britische U-Boote versenkt – kam die nationalsozialistische Kriegspropaganda bis ins Kinderzimmer.

wurde toleriert, da jeder Ritterkreuzträger nicht nur im Gefecht, sondern auch für die Propaganda von Wert war, um die Moral in der Bevölkerung zu stärken und Nachwuchs für die U-Boot-Waffe zu erhalten. Das Ritterkreuz, obwohl eine Schöpfung der Nationalsozialisten, überstand den Krieg und die Enthüllungen über dessen verbrecherischen Charakter vergleichsweise schadlos. Nicht wenige hochdekorierte Offiziere machten in der Bundeswehr Karriere.

Alle drei »Tonnagekönige« gingen im März 1941 verloren: Schepke und Prien starben, Kretschmer wurde von einem britischen Zerstörer an Bord genommen. Die deutsche Propaganda bemühte sich zunächst, diese Verluste zu verschweigen, musste sie aber schließlich doch einräumen. Besonders Prien sticht aus den dreien hervor, denn auch sein Ruhm überstand das Kriegsende. 1958 wurde in der Bundesrepublik ein Film gedreht, der die Figur in die Nähe der Widerstandsbewegung rückte und damit moralisch aufwertete. Er reihte sich ein in eine Fülle von Veröffentlichungen, die gerade angesichts der vom Regime begangenen und inzwischen auch weitläufig bekannten Verbrechen positive Werte in die Nachkriegszeit retten sollten. Von Seiten ehemaliger U-Boot-Fahrer wurde der Film dennoch negativ aufgenommen. Zu stark waren wohl die fiktiven Elemente in Handlung und Darstellung der Hauptfigur.

Das lange Warten. Bordalltag auf deutschen U-Booten

Über den Alltag an Bord von deutschen U-Booten im Zweiten Weltkrieg gibt es zahlreiche Schilderungen, die tatsächlich zumeist von Zeitzeugen gemacht wurden. Schon im Krieg schrieben berühmte U-Boot-Kommandanten ihre Memoiren oder ließen sie von Ghostwritern anfertigen. Die Propaganda-Kompanien versorgten die Öffentlichkeit ebenfalls mit Material. Schon vor 1945 wurden mehrere U-Boot-Filme für das deutsche Kino gedreht. Mit dem Kriegsende hörten diese Veröffentlichungen nicht auf, im Gegenteil. Weitere Memoiren entstanden, bestehende wurden neu verlegt, und in Groschenromanen fanden auch die ehemaligen Kriegsberichter weiterhin ihre Leser. Sowohl deutsche, als auch internationale Filme fügten diesen populären Schilderungen weitere Facetten hinzu, und das deutsche U-Boot ist bis heute in Buchhandlungen wie auch Streaming-Portalen anzutreffen. Prädikate wie »Tatsachenbericht« wurden und werden häufig verwendet und sollen den Büchern eine besondere Glaubwürdigkeit attestieren.

Jedoch sind alle diese Darstellungen mit Vorsicht zu genießen. Die noch zu Kriegszeiten geschriebenen und gedrehten Filme und Wochenschau-Berichte hatten meist eine klare propagandistische Stoßrichtung, blendeten manche Aspekte des Bordalltags aus und betonten andere dafür stärker. Auch sind sie meist aus der Sicht des Kommandanten geschildert. Zeugnisse von Mannschaften und Unteroffizieren waren selten, wenn es sie überhaupt gegeben hat. Schneid und Draufgängertum, nicht selten vermischt mit einer Huldigung an den Nationalsozialismus, waren häufige Motive und die Figuren blieben meist Stereotype. Erst in der Nachkriegszeit erschienen auch andere Schilderungen, die den bekannten Mustern neue Perspektiven hinzufügten. Berühmt sind die Bücher des ehemaligen PK-Autors Lothar-Günther Buchheim, der seine Feindfahrten an Bord verschiedener U-Boote in den 1970er Jahren in dem Roman »Das Boot« verarbeitete, dem weitere Romane und Reportagen folgten. Langeweile, schlechtes Essen und bedrückende Enge scheinen in seiner Erinnerung den Alltag an Bord weit mehr geprägt zu haben als die eigentlichen Kampfeinsätze. Dennoch fehlt bis heute von wenigen Ausnahmen abgesehen die Perspektive der Mannschaften und Unteroffiziere.

An Buchheims Schilderungen dürfte einiges wahr gewesen sein, denn die U-Boote mussten auf dem Weg in ihre Einsatzgebiete lange An- und Abmärsche absolvieren. Auch war es keineswegs sicher, dass sie tatsächlich Erfolge verzeichneten, wenn sie einmal dort angekommen waren. Selbst Günther Prien kehrte von seiner fünften Feindfahrt im April 1940 nach 24 Tagen zurück, ohne ein einziges Schiff versenkt zu haben. Leitstellen an Land konnten die Boote zwar mit Informationen über Geleitzüge versorgen. Doch waren diese Angaben oft unpräzise oder bereits veraltet, da es insbesondere an Luftaufklärung fehlte und die deutschen landgestützten Radaranlagen keine großen Reichweiten hatten und eher für die Verteidigung eingesetzt wurden. Lediglich die Funkaufklärung lieferte brauchbare Informationen. So war das Entdecken von gegnerischen Handelsschiffen im Operationsgebiet praktisch nur mit dem Fernglas von dem niedrigen Turm des Bootes aus möglich, wobei das Wetter eine große Rolle spielte. Gleichzeitig konnte auch nur auf diese Weise eine Gefahr für das Boot entdeckt werden, die im Verlauf des Krieges mehr und mehr von feindlichen Flugzeugen ausging. Transportable Bordhubschrauber kamen nur gegen Ende des Krieges zum Einsatz und nicht über das Versuchsstadium hinaus, ebenso kompakte Radargeräte. Mit zunehmender Bedrohung aus der Luft mussten die Boote mehr und mehr unter Wasser bleiben und wagten sich nur im Schutz der Nacht an die Oberfläche. Man darf also annehmen, dass die Besatzung in steter latenter Anspannung gewesen ist, zumal nur wenige Besatzungsmitglieder auf dem engen Turm Platz hatten, wenn ihnen das überhaupt gestattet war. Die meisten wussten nicht, was um sie herum geschah.

Fehlendes Tageslicht, Bewegungsmangel und ein unnatürlicher Schlafzyklus im Rhythmus der Wachen wirkten sich auf die Gesundheit aller U-Boot-Männer aus. Schlechte Luft, Feuchtigkeit und mit zunehmender Einsatzdauer auch ein Mangel an frischer, vitaminreicher Ernährung dominierten ebenfalls ihren Alltag. Waschmöglichkeiten gab es kaum, gelegentlich wurde geschwommen. Seekrankheit und Fälle von Klaustrophobie sind ebenfalls überliefert. Der Dienst war auch auf anderen Kriegsschiffen mitunter unangenehm. Doch nirgendwo dürften seine negativen Aspekte so verdichtet aufgetreten sein wie an Bord eines

»U 48« gilt als das erfolgreichste U-Boot des Zweiten Weltkrieges. Es versenkte auf zwölf Feindfahrten 52 Schiffe mit einer Gesamttonnage von über 300.000 BRT. Im Gegensatz zu dem sonst so extrem verlustreichen U-Bootkrieg verlor »U 48« während seiner Dienstzeit keine Besatzungsmitglieder. Hier posieren sie in Kiel, dem Heimathafen des Schiffes. (Foto Schäfer, um 1940)

Torpedoübernahme auf ein U-Boot vom Typ VII in Kiel um 1941 (Foto Schäfer)

U-Bootes. Dies konnte die Moral an Bord allerdings durchaus fördern: Mannschaften und Offiziere erhielten dasselbe Essen und ihre gemeinsamen Grenzerfahrungen schufen ein Gefühl von Gemeinschaft, das in fast allen Überlieferungen geschildert wird und in U-Boot-Kameradschaften nach dem Krieg fortdauerte.

Gestört wurde diese sich entwickelnde Bordgemeinschaft durch den häufigen Personalwechsel. U-Bootmannschaften blieben keineswegs lange unverändert, sondern konnten mitunter nach jeder Feindfahrt eine andere Struktur annehmen. Erfahrene Offiziere und Unteroffiziere wurden oft relativ schnell auf andere Boote versetzt, um Mängel auszugleichen. Mit zunehmender Kriegsdauer und auch zunehmenden Verlusten wurden diese Probleme schwerwiegender: Unfälle häuften sich, die Kommandanten wurden jünger und unerfahrener, was sich wiederum auf die Stimmung an Bord negativ auswirken musste. Die durchschnittliche Lebensdauer einer Bootsbesatzung schmolz auf wenige Monate zusammen. Wie sich die Moral der Besatzungen angesichts kontroverser Befehle und der immer erdrückenderen alliierten Überlegenheit änderte, ist bis heute wenig umfassend erforscht, wenngleich es doch vereinzelte Studien gibt.

Dass sich die Stimmung änderte, dafür gibt es viele Hinweise. Dönitz selbst ließ am 9. September 1943 einen »Erlass gegen die Kritiksucht und Meckerei« verbreiten. Die verschärfte Lage nach dem faktischen Zusammenbruch des Tonnagekrieges im Mai 1943 hatte innerhalb der U-Boot-Waffe durchaus Wirkung gezeigt. Alleine in diesem Monat waren 38 Boote verloren gegangen und er wird allgemein als Wendepunkt im U-Boot-Krieg angesehen. Mit verschiedenen Maßnahmen wurde versucht, die Stimmung wieder zu heben. Es wurden mehr Beförderungen und Auszeichnungen verliehen, gleichzeitig bemühte sich Dönitz darum, häufiger die Stützpunkte zu besuchen. Dabei verkündete er technische Neuerungen wie den Schnorchel. Mit ihm wurden nach und nach die alten Tauchboote ausgestattet und er versprach einen besseren Schutz vor Fliegerangriffen, da das Boot getaucht die Batterien laden konnte. Gleichzeitig zeigte Dönitz sich aber hart, wenn es um vermeintliches oder tatsächliches Fehlverhalten ging: So genannte Feigheit vor dem Feind wurde geahndet, auch ging man gegen U-Boot-Fahrer vor, die sich regimekritisch äußerten. So wurde der Kommandant von U 594, Friedrich Mumm, nach wiederholter erfolgloser Feindfahrt abgesetzt. Ein anderer Kommandant, Heinz Hirsacker, wurde sogar zum Tode verurteilt und beging vor der Vollstreckung Selbstmord. Oskar Kusch hingegen, der Kommandant von U 154, wurde 1944 wegen Wehrkraftzersetzung hingerichtet, nachdem der 1. Wachoffizier ihn dem zuständigen Vorgesetzten gemeldet hatte. Ihm wurde vor allem das Hören von Feindsendern zum Verhängnis. Von Seiten der Mannschaften ist überliefert, dass in Einzelfällen versucht wurde, etwa durch Trinken von verunreinigtem Wasser einer anstehenden Feindfahrt zu entgehen. Der U-Boot-Krieg wurde härter und das ging an den U-Boot-Fahrern nicht spurlos vorüber.

Inwieweit die im Roman »Das Boot« beschriebenen Gelage in den Bars der französischen U-Boot-

Basen Alltag oder Ausnahme waren, ist schwer zu beurteilen. Buchheims Roman erntete bei den noch lebenden ehemaligen U-Boot-Fahrern ein gemischtes Echo. Während einige der Ansicht waren, die Schilderungen seien realistisch, lehnten andere dies vehement ab. Die Existenz von Wehrmachts-Bordellen im Bereich der U-Boot-Basen ist jedoch gesichert. Darüber hinaus wurden Broschüren verteilt, die vor Geschlechtskrankheiten warnten, ein indirekter Hinweis auf sexuelle Exzesse bei Landgängen. Solche Krankheiten konnten als Wehrkraftzersetzung geahndet werden. Doch gab es für die U-Boot-Fahrer auch eine Reihe von Privilegien: Großzügige finanzielle Zulagen, spezielle Erholungsheime, stets gute Verpflegung und Urlaub. Nicht zuletzt dieser führte wohl auch dazu, dass die Situation an Bord mit Fortschreiten des Krieges als gar nicht mehr so schlimm empfunden wurde. Es ist mehrfach überliefert, dass U-Boot-Fahrer mit dem Gefühl zurück in ihren Stützpunkt fuhren, dass es in der Heimat durch die alliierten Bombenangriffe und die prekäre Versorgungslage noch schlechter auszuhalten war. Zudem hörten sie von den anderen Kriegsschauplätzen. Auch mochten sie Dönitz' Beteuerungen glauben, der U-Boot-Krieg trage dazu bei, Gefahren von der Heimat abzuhalten, indem er alliierte Kapazitäten binde. So wirkte sich das Verweilen an Land wieder positiv auf die Verhältnisse an Bord aus.

Nach dem Krieg wurden überschwänglich die Bruderschaft, die ungebrochene Moral und der Gleichmut gelobt, mit dem die U-Boot-Fahrer in den meisten Fällen letztlich in den Tod gefahren waren. Dönitz selbst bezeichnete die letzten Monate des Seekrieges als »Opfergang«. Bei näherer Betrachtung bekommt das Bild Risse und es ist zu erkennen, dass der Kriegsverlauf, die alliierte Übermacht zur See und in der Luft, sowie die Engpässe bei Personal und Material ihre Spuren hinterließen. Doch Meutereien wie zum Ende des Ersten Weltkrieges, fanden nicht statt. Warum das so war, ist vermutlich auf mehrere Faktoren zurückzuführen. Dönitz' führte mit »Zuckerbrot und Peitsche«, er machte bis zum Schluss Hoffnung auf Wunderwaffen, die dem U-Boot-Krieg neue Chancen eröffnen würden. Ein gewisses Elitebewusstsein innerhalb der U-Boot-Waffe ist ebenfalls überliefert. Und schließlich gab es einen soldatischen Ehrenkodex, der dem Einzelnen zwar Schutz und Geborgenheit gab, jegliches abweichendes Verhalten jedoch erbarmungslos bestrafte. Im Großen und Ganzen blieb die U-Boot-Waffe intakt.

Die Rudeltaktik und die Bedeutung der Enigma-Schlüsselmaschine für die deutsche U-Boot-Kriegsführung

Die berühmte Enigma-Schlüsselmaschine umgibt bis heute ein ganz eigener Mythos, der vor allem auf diversen Hollywood-Filmen und inzwischen auch Fernsehserien fußt. Dabei sind es nicht einmal vordergründig U-Boot-Filme, die diesen Mythos nähren. Meist stehen Codeknacker im Dienste der britischen Marine im Fokus der Geschichten. Gelegentlich wird das Aufbringen deutscher

U-Boot vom Typ VII der ersten U-Boot-Flottille im Atlantik im Dezember 1941 (Foto Schäfer)

U-Boote thematisiert, bei dem geheime Unterlagen und Enigmas erbeutet werden konnten, die dann besagten Codeknackern Anhaltspunkte gaben. Für den Actionfilm »U-571« aus dem Jahr 2000 wurde ein solcher Überfall kurzerhand den Amerikanern angedichtet. Gemeinsam ist all diesen fiktiven, wenngleich auf wahren Begebenheiten fußenden Erzählungen, dass der Einbruch in den deutschen Marine-Funkschlüssel maßgeblich dazu beigetragen hat, der U-Boot-Bedrohung Herr zu werden. Bis in die 1970er Jahre war der Welt nicht bekannt, dass es alliierten Geheimdiensten gelungen war, den als absolut sicher geltenden Mechanismus der Enigma zu entschlüsseln. Der Mythos ihrer Unknackbarkeit hatte also auch nach dem Krieg noch viele Jahre reifen können und ließ die Leistungen nach der Enthüllung nur noch größer erscheinen.

Die Maschine selbst war in ihren Grundzügen bereits im Ersten Weltkrieg entwickelt und von mehreren Erfindern in verschiedenen Ausführungen zum Patent angemeldet worden. Die so genannte Rotor-Chiffriermaschine funktioniert mit einer Tastatur und einer Anzahl von drehbaren, mit Buchstaben bestückten Rotoren oder Walzen. Jede Walze besitzt dabei elektrische Kontakte auf beiden Seiten, zum Beispiel je 26 Kontakte für die Buchstaben des Alphabets. Im Innern sind diese durch isolierte Drähte miteinander verbunden. Kennzeichnend ist, dass Buchstaben nicht einfach nur durch andere ersetzt werden sondern jedes Mal eine andere Zuordnung erhalten, da sich die Walzen mit jedem Tastendruck weiterdrehen. Die Anzahl der Walzen bestimmt die Anzahl der möglichen Kombinationen. Je mehr Walzen, desto mehr Möglichkeiten. Die Urform der deutschen Enigma wurde von ihrem Erfinder öffentlich zum Verkauf angeboten, da die Kaiserliche Marine einen Kauf abgelehnt hatte. Schließlich weckte sie das Interesse des Militärs, war aber bereits auf zahlreichen Messen vorgestellt und erklärt worden. Die von der Wehrmacht verwendete Maschine konnte vom polnischen Geheimdienst untersucht werden. Dessen Erkenntnisse halfen später den Briten.

Für die deutsche Rudeltaktik hatte die Verschlüsselung eine entscheidende Bedeutung. Die Koordinierung der U-Boote, die sich auf See zu Beobachtungsstreifen nahe der vermuteten Konvoirouten zusammenfanden, erforderte einen regen Funkverkehr. Alle U-Boot-Bewegungen wurden an Land geplant, die Anweisungen per Funk den Booten mitgeteilt. Dass das Einpeilen von U-Booten möglich war, wenn sie selbst Funksprüche absetzten, war bekannt und wurde als unausweichlich hingenommen. Das Mitlesen und operative Auswerten der Funksprüche galt jedoch als unmöglich, was ein folgenschwerer Irrtum war. Mit dem Einsatz von Großrechnern gelang es den Briten erstmals ab Sommer 1941, den Funkverkehr der U-Boot-Führung mit einiger Verzögerung zu lesen. Dabei waren es vor allem die Masse und die Regelmäßigkeit der Funksprüche, die das Erkennen von Mustern erleichterte und den Experten wie auch den Maschinen genügend Material gab. Es war nicht unüblich, selbst belanglose Neuigkeiten wie Beförderungen oder Grußbotschaften an die U-Boote zu funken. Die weite Verbreitung der Enigma auch auf kleinen Einheiten wie

Vorpostenbooten und Wetterbeobachtungsschiffen sorgte für zusätzliches Material. Vereinzelt gelangten auch Beutestücke in die Hände der Alliierten wie bei der Enterung von U 110 im Mai 1941, wobei eine Enigma erbeutet wurde.

Die abgefangenen Funksprüche auch inhaltlich auswerten zu können, bedeutete für die Alliierten einen enormen Vorteil. Da die deutsche U-Boot-Taktik auf dem geschickten Bilden von Aufklärungs- und Angriffsgruppen basierte, konnten die gefährdeten Konvois diesen nun besser ausweichen und um bekannte Ansammlungen von U-Booten herumgeleitet werden. Auch konnten gezielt Angriffe auf U-Boote durchgeführt werden. Die U-Tanker, auch Milchkühe genannt, wurden auf diese Weise bis 1943 ausgeschaltet. Ihre Vernichtung beeinträchtigte die Operationen, da die Boote nun nicht mehr auf See Treibstoff und Munition übernehmen konnten. Dabei nutzte die Royal Navy die Erkenntnisse klug und ließ vereinzelt zu, dass die U-Boote Ziele fanden, um die Gegenseite nicht allzu mißtrauisch zu machen. Die Umstellung auf ein neues Modell der Enigma, das exklusiv von der U-Boot-Waffe verwendet wurde, machte die Bemühungen für einige Monate zunichte. Die Enigma M4 besaß eine zusätzliche vierte Walze und sorgte dafür, dass die Entzifferung für elf Monate erfolglos, ein Blackout, blieb. Doch im Dezember 1942 gelang der erneute Einbruch in den Funkschlüssel und die Erkenntnisse der Funkaufklärung konnten nach und nach wieder erfolgreich angewendet werden. Auch die Amerikaner unterhielten ein vergleichbares Gelände wie die Briten in Ohio und konnten selbst erfolgreich in den deutschen und japanischen Funkschlüssel eindringen.

Die Seekriegsleitung und besonders Dönitz registrierten die wachsenden Verluste durchaus. Doch stiegen gleichzeitig die Neubauten signifikant an, so dass auch mehr Frontboote zur Verfügung standen und die tatsächliche Dramatik dadurch verdeckt wurde. Im März 1943 verfügte die Kriegsmarine über 415 U-Boote. An Frontbooten waren es 229, von denen wiederum 193 für den Nordatlantik eingeteilt waren. Zieht man die Boote ab, die sich im An- und Abmarsch befanden, blieben 50 Boote im Operationsgebiet. Nun endlich war es möglich, überlappende Aufklärungsstreifen zu bilden und letztlich die Rudeltaktik so anzuwenden, wie Dönitz es Jahre zuvor geplant hatte. Die Boote beteiligten sich an regelrechten Geleitzugschlachten, die sich teilweise über Tage hinzogen und einzelnen Konvois schwere Verluste einbrachten. Doch die Erfolge verstellten den Blick auf die Gesamtlage: Der überwiegende Teil der Geleitzüge konnte den U-Booten ausweichen und erreichte unbehelligt sein Ziel. Insgesamt gesehen war weder die Versorgung Großbritanniens trotz mancher Einschränkung gefährdet, noch waren die Vorbereitungen für die Invasion unmittelbar bedroht. Im Mai 1943 wendete sich das Blatt endgültig zu Ungunsten der U-Boote. Die Luftunterstützung für die Geleitzüge war inzwischen lückenlos geworden, zudem verfügten auch Flugzeuge über Radar. Die U-Boot-Abwehr der U-Jagd-Gruppen war ebenfalls perfektioniert worden, so dass ein U-Boot kaum eine Chance auf Entkommen hatte, wenn es einmal geortet worden war. Im Mai 1943 wurde der Geleitzugkampf wegen zu hoher Verluste abgebrochen. Alle Anstrengungen wurden nun darauf verlegt, die vorhandenen Tauchboote zu verbessern und neue U-Boot-Typen in Serie zu produzieren. Der U-Boot-Krieg sollte sich künftig tatsächlich weitgehend unter Wasser abspielen.

Neue U-Boot-Typen und Kleinkampfmittel: Die Suche nach einem Ausweg

Im Rückblick scheint es, als habe die Kriegsmarine spät und konfus darauf reagiert, dass sich die Schlacht im Atlantik im Verlauf des Jahres 1942 und besonders ab 1943 für die U-Boote erheblich verschärft hatte. Noch im Frühjahr 1943 glaubte Dönitz daran, mit dem bewährten Typ VII C eine Entscheidung erzwingen zu können, wenn nur genügend neue Boote gefertigt würden. Erst in diesem Jahr wurden parallel mehrere Ansätze verfolgt, um den steigenden Herausforderungen des U-Boot-Krieges noch gerecht zu werden. Zum einen wurde versucht, die bereits vorhandenen Tauchboote aufzuwerten. Sie erhielten unter anderem Schnorchel, mit denen das Laden der Batterien auch in getauchtem Zustand möglich war. Weiterhin wurde die Flugabwehr ausgebaut. Beides war eine Reaktion auf die immer größer werdende Bedrohung durch Flugzeuge. Die Ausrüstung der Schnorchel erfolgte allerdings erst ab 1944.

Gleichzeitig wurde an verschiedenen neuen U-Booten und Antriebssystemen gearbeitet. Dönitz wusste durchaus, dass die herkömmliche Taktik der Tauchboote irgendwann nicht mehr funktionieren würde. Diese griffen bevorzugt im Schutz der Nacht und über Wasser an, wo sie durch ihre schmale Silhouette und ihre große Geschwindigkeit gute Erfolgsaussichten hatten. Mehr und mehr verhinderten aber trägergestützte Flugzeuge und spezielle U-Jagd-Gruppen, dass die Boote überhaupt in die Nähe der Handelsschiffe kamen, die sie versenken sollten. Die neuen Typen sollten daher in der Lage sein, möglichst ausdauernd und bei hoher Geschwindigkeit unter Wasser zu operieren. Lange konzentrierte sich die Marine auf ein neuartiges, komplexes System namens Walter-Turbine, benannt nach dem Konstrukteur Hellmuth Walter. Dieser neuartige Antrieb war in gewissen Maßen außenluftunabhängig und ermöglichte dem getauchten Boot eine damals enorme Unterwassergeschwindigkeit. Jedoch konnte diese nicht beliebig oft ausgefahren werden, denn der spezielle, gasförmige Treibstoff war begrenzt und man konnte ihn nicht wie Batterien wieder aufladen. Zudem band die Entwicklung auch enorme Ressourcen und die Ankündigung der Serienreife verschob sich immer weiter nach hinten.

Im Frühjahr 1943 wurde daher beschlossen, auf Basis dieses neuartigen U-Bootes eine Zwischenlösung zu verwirklichen, die schneller frontreif zu werden versprach. So entstand der Typ XXI, ein 1600 t-Boot mit großer Batteriekapazität, einer auf Unterwasserfahrt ausgerichteten Bootsform und zahlreichen Innovationen, die etwa ein erheblich schnelleres Nachladen der Torpedorohre erlaubte. 18 Knoten Unterwassergeschwindigkeit

Hellmuth Walter entwickelte in den 1930er Jahren auf der Germaniawerft in Kiel einen Antrieb auf Wasserstoffperoxid-Basis für U-Boote. Hier das nicht fertig gestellte Boot »U 795« des Typs XVII mit Walter-Antrieb bei Kriegsende. (Foto Garms, 1946)

Die großen Elektro-U-Boote vom Typ XXI mit hohen Batteriekapazitäten galten als Wunderwaffen, die das Kriegsschicksal wenden sollten. Sie wurden ab 1944 serienmäßig in Sektionsbauweise in Kooperation mehrerer Werften hergestellt, kamen aber nicht mehr zum Einsatz; hier der Blick auf die Sektion 1, den Heckraum, im Bau bei den Howaldtswerken um 1944.

sollten möglich sein, bei Bedarf konnten mit dem bereits erprobten Schnorchel die Batterien wieder aufgeladen werden. Im August 1943 wurde befohlen, die U-Boot-Produktion schwerpunktmäßig auf diesen neuen Typ zu verlagern, ohne indes die aufwendigen Entwicklungsarbeiten an der Walter-Turbine einzustellen. Auch wurden parallel immer noch die bekannten und veralteten Typen VII und IX gebaut und in Dienst gestellt, zwischen Juni 1943 und April 1945 immerhin mehr als 300. So band diese Doppelarbeit wertvolle Kapazitäten bei Fachpersonal und Werften, die in dieser letzten Phase des Krieges zunehmend durch die alliierten Luftangriffe in Mitleidenschaft gezogen wurden.

Schließlich gab es einen weiteren Weg, den die Kriegsmarine verfolgte und der sich radikal von den als »Wunderwaffen« gehandelten neuen U-Boot-Typen unterschied: Die Kleinkampfmittel. Vorschläge für kompakte, leicht zu transportierende Kleinst-U-Boote waren immer wieder innerhalb der Kriegsmarine diskutiert worden. Der Angriff auf das Schlachtschiff »Tirpitz« durch britische X-Crafts im September 1943, bei denen das Schiff mit Haftminen schwer beschädigt wurde, weckte dann das Interesse an diesen Waffensystemen. Es entstanden verschiedene Typen, die meist auf umgebauten Torpedos basierten. Lediglich eines dieser Boote, der »Seehund«, wurde als amtlicher Entwurf durchkonstruiert. Im April 1944 wurde das Kommando der Kleinkampfverbände der Kriegsmarine ins Leben gerufen, dass die verschiedenen Arten der Kleinkampfmittel bündeln und ihre Einsätze planen und koordinieren sollte. Anfangs war gedacht, den »Seehund« rein elektrisch und damit außenluftunabhängig auszuführen. Die Forderung, dass er Torpedos tragen sollte, machte dann einen dieselelektrischen Antrieb erforderlich und das Boot wurde größer. Damit war auch die Notwendigkeit verbunden, Stützpunkte bereitzuhalten. Anfangs sollte der »Seehund« noch von jedem Strand ausfahren können.

Bei der Konstruktion des »Seehundes« war darauf geachtet worden, wo immer möglich auf bereits vorhandene Teile zurückzugreifen. So stammte der Dieselmotor aus dem LKW-Bau. Allerdings beeinträchtigten die alliierten Bombenangriffe die Produktion erheblich. Statt Prototypen für eine ausführliche Erprobung schaffte es Howaldt in Kiel nur, drei Vorlaufboote zu fertigen. Die Serienboote wurden dann allerdings nicht bei Howaldt, sondern bei Germania und Deutsche Werke in Kiel, sowie Schichau in Elbing gebaut. Beauftragt wurden 1000 »Seehunde«, die bis 1946 zu liefern waren. Gebaut und abgeliefert wurden letztlich 285. Allerdings ist unklar, wie viele der bei Schichau fertiggestellten Boote tatsächlich nach Kiel bzw. Wilhelmshaven geliefert werden konnten.

Die Kleinkampfverbände erzählen eine traurige Geschichte. Obwohl zumindest die »Seehunde« als technisch gelungen gelten, waren ihre Erfolge doch gering, bei geradezu exorbitanten Verlusten. Schwere See machte ihnen ebenso zu schaffen wie die unzureichenden Navigationsmittel. Viele »Seehunde« erreichten ihre Stützpunkte nicht mehr, weil sie schlicht die Orientierung verloren hatten. Manche liefen auf Minen. Der erste Einsatz im Englischen Kanal am Neujahrstag 1945 verlief katastrophal. Von 18 »Seehunden« kehrten nur

Kurz vor Kriegsende wurden bei den Deutschen Werken in Kiel Klein-U-Boote des Typs XXVII »Seehund« für den Einsatz im Küstenbereich gebaut, hier am Ausrüstungsbecken des Bunkers »Konrad« der Deutschen Werke in Kiel. (Foto vom 18. Mai 1945)

Wracksegment eines Klein-U-Boots vom Typ »Seehund« im Kieler Schifffahrtsmuseum, das 1995 beim Bau des 3. Fährterminals aus der Förde gehoben wurde. Obwohl die Boote als technisch ausgereift galten, war ihre Verlustrate enorm hoch, die meisten wurden zu Särgen ihrer Besatzung und wurden erst Jahre später gefunden.

Von den kleineren Elektrobooten des Typs XXIII gingen nur noch wenige auf Feindfahrt und erzielten einige Erfolge; hier der Stapellauf eines Bootes auf der Germaniawerft 1944. (Foto Schäfer)
Trotz dieser neuen Entwicklungen war die U-Boot-Flotte die verlustreichste Waffengattung im Zweiten Weltkrieg: von den 41.300 Mann Besatzung starben 28.728.

zwei wieder zurück, davon einer mit Maschinenschaden, der sein Einsatzgebiet gar nicht erreicht hatte. Obwohl man ihre Taktik änderte, standen geringen Erfolgen bis Kriegsende anhaltend große Verluste gegenüber.

Von den modernen Elektrobooten gingen nur einige Boote vom kleinen Typ XXIII auf Feindfahrt und konnten noch Erfolge erzielen. Die großen Boote vom Typ XXI kamen nicht mehr zum Einsatz, ebenso wenig die Hoffnungsträger mit der Walter Turbine. Der U-Boot-Krieg blieb bis zum Mai 1945 im Wesentlichen ein Krieg mit veralteten Tauchbooten, die sich schon zwei Jahre zuvor der alliierten Übermacht geschlagen gegeben hatten.

Bombensicher: Der Ausbau der deutschen U-Boot-Basen und der Einsatz von Zwangsarbeit am Beispiel des U-Boot-Bunkers »Kilian«

Dass das Flugzeug ein ernst zu nehmender Gegner für die Marine sein würde, zeigte sich schon bei Kriegsbeginn. Am 4. September 1939 wurde der erste britische Luftangriff auf Wilhelmshaven geflogen, der allerdings nur geringe Schäden anrichtete. Mehr als hundert weitere sollten folgen, davon 16 als Großangriffe, die sie Stadt großflächig zerstörten. Kiel als Rüstungszentrum der Kriegsmarine wurde ebenfalls 90 Mal angegriffen. Dieser Bedrohung versuchte man mit baulichen Maßnahmen Herr zu werden, zunächst in Form von Luftschutzbunkern und Flak-Batterien. Doch die kriegswichtige U-Boot-Rüstung machte es aus Sicht der Verantwortlichen nötig, Werften und Stützpunkte ebenfalls effektiver vor Luftangriffen zu schützen. So entstanden gewaltige Bauwerke, die zum Teil bis heute erhalten sind, etwa die U-Boot-Bunker an der französischen Atlantikküste oder der U-Boot-Bunker »Valentin« in Bremen-Rekum. Die größten Anstrengungen wurden zu einem Zeitpunkt unternommen, da die Übermacht der Kriegsgegner allgegenwärtig war. Sie lassen den Betrachter heute oft fassungslos zurück, zumal alle Anlagen ausnahmslos mit dem Einsatz von Zwangsarbeitern entstanden, deren Lebens- und Arbeitsbedingungen bekanntermaßen schlicht unmenschlich waren.

Die meisten Werften im Reichsgebiet wie auch die U-Boot-Basen in Frankreich und Norwegen begannen im Jahr 1941 mit der Schaffung von verbunkerten Liegeplätzen. Teilweise, wie im Falle der Anlage »Hornisse« in Bremen, fing man aber auch erst erheblich später mit dem Bau an. In Kiel entstanden zwei verschiedene Bauten namens »Konrad« und »Kilian«. Während die erste Anlage dadurch geschaffen wurde, dass ein bereits bestehendes Trockendock überdacht wurde, handelte es sich bei »Kilian« um einen Neubau auf dem Gelände der Kriegsmarinewerft. Beide Bunker sollten in den anfänglichen Planungen vor allem der Endausrüstung von U-Booten dienen. Im weiteren Verlauf wurden die Ansprüche erweitert und entsprechend auch die Anlagen vergrößert. Mehr und mehr wurden sie zu vollwertigen Werften ausgebaut, vor allem die Anlage »Konrad«. Sie diente nach der Fertigstellung dem Bau von Kleinst-U-Booten. Alte Tauchboote wurden dort mit Schnorcheln ausgestattet.

Die Firmen, die mit dem Bau betraut waren, hatten bereits Erfahrungen aus den U-Boot-Basen in Frankreich. Auch hatten militärische Bunkerbauten Vorrang vor dem Zivilschutz, weshalb die Materialbeschaffung und die Bereitstellung der notwendigen Maschinen beim Bau des »Kilian« kein ernstes Problem darstellten. Allerdings mangelte es erheblich an Arbeitskräften. Schon seit Beginn der Aufrüstungsbestrebungen, ab etwa 1935, hatten alle Kieler Werften mit diesem Problem zu kämpfen. Ab 1938 schon wurden Arbeiter nach dem Bedarf des Regimes zwangsversetzt. Umschulungen und der Einsatz von Frauen wirkten nur partiell, besonders nach Beginn des Krieges 1939. Selbst die Flakgeschütze mussten schließlich mit Schülern als Marinehelfer besetzt werden.

Die Lösung lautete, auf ausländische Arbeitnehmer, Kriegsgefangene und Zwangsarbeiter zurückzugreifen. Im Januar 1943, als die schweren Arbeiten an der Bunkerdecke des »Kilian« begannen, standen deutsche und ausländische Arbeitnehmer sich etwa im Verhältnis 1:4 gegenüber. Etwa 900-1000 waren es zu Zeiten hohen Arbeitsaufkommens. Allerdings hatte das Projekt nicht immer eine hohe Priorität und kam mitunter langsam voran. Dann arbeiteten auch wesentlich weniger Ausländer dort. Obwohl es Bemühungen gab, diese freiwillig zu verpflichten, war der Großteil der auf der Baustelle beschäftigten ausländischen Arbeiter unter Zwang nach Kiel gebracht worden. Besonders Polen und andere so genannte »Ostarbeiter« wurden zwangsrekrutiert, etwa unter Aberkennung ihres Kriegsgefangenenstatus.

Von den deutschen Arbeitern unterschied sich der Alltag der so genannten Fremdarbeiter erheblich: Es gab weder ein Kündigungs- noch Heimkehrrecht. Die Unterbringung erfolgte in speziellen, eingezäunten und bewachten Lagern unter primitiven Bedingungen. Deutsche Arbeiter waren dort nur selten wohnhaft. Die Fremdarbeiter waren von der Werkskantine ausgeschlossen und bekamen gesondertes Essen in Kübeln direkt auf der Baustelle. Sie wurden auch auf ihrer Kleidung kenntlich gemacht: Polen hatten etwa ein violettes »P« auf gelbem Grund zu tragen, das sie deutlich sichtbar von der postulierten »Volksgemeinschaft« abhob. In der wenigen Freizeit waren sie ebenfalls benachteiligt: Die so genannten »Polenerlasse« verboten Fremdarbeitern das Benutzen öffentlicher Verkehrsmittel, sowie das Betreten von Gaststätten oder öffentlichen Veranstaltungen. Bei Bombenangriffen hatten sie oft am Arbeitsplatz zu verbleiben, da man ihnen das Betreten der werkseigenen Schutzräume untersagte. Generell neigte man dazu, besonders schwere und gefährliche Arbeiten den Fremden aufzubürden. Mit Fortschreiten des Krieges ging man beim »Kilian« allerdings dazu über, auch das Fachwissen der ausländischen Mitarbeiter zu nutzen. Nicht alle wurden generell schlecht behandelt. Schlosser durften in den Werkstätten arbeiten, in manchen Arbeitsbereichen bildeten »Fremdarbeiter« auch deutsche Lehrlinge aus. Die Kriegsmarine verweigerte zudem die Zusammenarbeit mit der Geheimen Staatspolizei (Gestapo), so dass man annehmen kann, dass die

Seite 109–110:
Der Bau des riesigen U-Boot-Bunkers »Kilian« auf dem Gelände der Kriegsmarinewerft Kiel an der Schwentinemündung erfolgte zwischen 1941 und 1943 unter Einsatz von bis zu 1000 Zwangsarbeitern und Kriegsgefangenen.

Umstände für die systematisch benachteiligten ausländischen Arbeiterinnen und Arbeiter zumindest etwas leichter zu ertragen waren als bei anderen Bauprojekten. Die privaten Werften gingen laut Überlieferung strenger vor.

Im November 1942 war der Bunker »Kilian« fertiggestellt. Zunächst sollten hier nur Restarbeiten an bereits fertig gestellten U-Booten sowie Reparaturen ausgeführt werden. Auch Standproben sowie die Übernahme von Treibstoff und Munition konnten hier erfolgen. Vordringlichste Aufgabe war es, U-Boote möglichst schnell einsatzbereit zu machen. Selbst ohne Feindeinwirkung konnte die Beseitigung von Verschleiß, Seeschäden oder Korrosion zwei Wochen dauern. Die Bunker im Reichsgebiet waren allerdings zu weit von den Einsatzgebieten der Boote entfernt, so dass sich vor allem Neubauten in der Endausrüstung hier befanden. Ab Oktober 1944 waren »Kilian« und Konrad« für den Sektionsbau der neuen U-Boot-Typen XXI und XXIII vorgesehen. Während »Konrad« allerdings bereits über eine Taktstraße verfügte, wurden im »Kilian« die Pläne nicht mehr umgesetzt. Er diente bis zum Schluss der Endausrüstung und Überholung. Teilweise wurden Sektionen der modernen U-Boote vom Typ XXI und XXIII dort eingelagert, um diese vor Luftangriffen zu schützen. Gezielte Angriffe auf »Kilian« und »Konrad« wurden allerdings auch kaum versucht, so dass sie den Krieg weitgehend unbeschädigt überstanden. In der U-Boot-Produktion spielten sie eine untergeordnete Rolle, anders als »Fink II« in Hamburg, in welchem tatsächlich mehr als 100 Boote vom Typ VII C gebaut wurden.

Exkurs: Großadmiral Karl Dönitz und »seine« U-Boot-Waffe. Eine folgenschwere Beziehung

Neben den Namen berühmter U-Boot-Asse ist auch der Name Karl Dönitz noch heute präsent im kollektiven Gedächtnis. Ursprünglich 1935 als Führer der U-Boote auf ein gefühltes Nebengleis geschoben, machte dieser Offizier in der Kriegsmarine eine beispiellose Karriere, die ihn erst Erich Raeder als Oberbefehlshaber ablösen ließ, um schließlich von Adolf Hitler unmittelbar vor dessen Selbstmord zu seinem Nachfolger als Reichspräsident ernannt zu werden. Nach dem Krieg verbüßte Dönitz durch seine Verurteilung in Nürnberg eine zehnjährige Haftstrafe in Berlin-Spandau. Seine letzten Lebensjahre verbrachte er in Aumühle bei Hamburg, wo er besonders in den 1960er Jahren publizistisch tätig war. Ehemalige U-Boot-Fahrer gingen bei ihm ein und aus. Die Bundesmarine tat sich schwer damit, wie sie mit seiner Person umgehen sollte, ob etwa im Falle des Ablebens ein Begräbnis mit militärischen Ehren infrage käme.

Bis heute erscheint die Person Karl Dönitz höchst widersprüchlich, und noch keinem Biografen ist es gelungen, sich ihm überzeugend zu nähern. Die Bandbreite reicht von unverhohlener Bewunderung bis zu tiefer Ablehnung. Für beide Haltungen gibt es Gründe, sei es aus den Quellen oder aufgrund persönlicher Erlebnisse. An dieser Stelle soll lediglich der Versuch gemacht werden, das Verhältnis zwischen Dönitz und »seiner«

U-Boot-Waffe kurz zu skizzieren, das gleichsam widersprüchlich ist. Er selbst hat früh die Deutungshoheit über den U-Boot-Krieg beansprucht und seine Memoiren mit dem Titel »Zehn Jahre und 20 Tage« wurden schon in den 1960er Jahren zu einem vielgelesenen Buch. Er profitierte wie viele andere Autoren davon, dass seriöse historische Forschung zum Seekrieg in Deutschland lange fast unmöglich war. Die entsprechenden Akten waren von den Alliierten beschlagnahmt worden und lagerten in britischen und amerikanischen Archiven. Im Falle der U-Boot-Akten waren sie zudem der Geheimhaltung unterworfen. Vor diesem Hintergrund wogen die Aussagen des ehemaligen Oberbefehlshabers der Kriegsmarine umso schwerer. Erst neuere Arbeiten haben etwa Dönitz' Verhältnis zur nationalsozialistischen Ideologie und auch zu Hitler in ein anderes Licht rücken können.

Er selbst stellte sich in seinen Publikationen stets als unpolitischen, rein auf soldatische Tugenden bedachten Menschen dar. Dieses Bild blieb lange unwidersprochen, zumal er nach seiner Ernennung zu Hitlers Nachfolger rasch die Kapitulation einleitete, anstatt den sinnlosen Kampf unter der Inkaufnahme der »Vernichtung des deutschen Volkes« fortzuführen, wie Hitler dies gefordert hatte. Laut eigener Aussage war sein Handeln in diesen Tagen vor allem von der Absicht bestimmt, noch möglichst viele Menschen vor dem Zugriff der Roten Armee zu retten, weshalb er lange als Initiator jener Transporte galt, die Millionen Menschen über die Ostsee brachten. Wir wissen heute, dass andere diese Flucht organisiert und begleitet hatten.

Auch wurden im U-Boot-Krieg fragwürdige Befehle an die U-Boote ausgegeben, die zumindest den Anschein erweckten, das Prinzip des Vernichtungskrieges solle künftig auch im Seekrieg Anwendung finden. Zudem sind Reden überliefert, die mit judenfeindlichen, darwinistischen Äußerungen durchsetzt waren. Auch die dem Regime innewohnende Neigung, selbst kleinste Verfehlungen mit drakonischen Strafen zu ahnden, wurde von Dönitz übernommen und angewendet. So sind Fälle überliefert, in denen U-Boot-Kommandanten wegen angeblicher Wehrkraftzersetzung oder Feigheit mit seiner ausdrücklichen Billigung zum Tode verurteilt wurden. Auch Deserteure wurden erbarmungslos abgeurteilt und erschossen, die letzten noch nach Kriegsende. Viele U-Boot-Fahrer verehrten den Großadmiral seiner angeblichen oder tatsächlichen Fürsorge wegen dennoch. Doch diese bewegte sich offenbar innerhalb der Grenzen der nationalsozialistischen Ideologie.

Ein weiterer Aspekt verdient Beachtung, der in den letzten 24 Kriegsmonaten seit der Aufgabe der Schlacht im Atlantik das Leben der U-Boot-Fahrer bestimmte: Gemeint sind die verheerenden Verluste innerhalb dieser Waffengattung. Dönitz selbst bezeichnete den U-Boot-Krieg in dieser Phase nachträglich als »Opfergang«. Die veralteten U-Boote hätten weiter ausfahren müssen, um gegnerische Kräfte zu binden, die ansonsten gegen das Deutsche Reich frei geworden wären. Die Besatzungen scheinen diese Argumentation akzeptiert zu haben, denn anders als im Ersten Weltkrieg blieb die Moral weitgehend ungebrochen. Vielleicht wirkten auch die abschreckenden Beispiele der Hingerichteten oder die Hoffnungen auf neue U-Boot-Typen und andere »Wunderwaffen«. Ob Dönitz diesen selbst glaubte, werden wir vermutlich nie erfahren. Und doch ist es eine entscheidende Frage bei der Beurteilung seiner Person und seines Verhältnisses zu den ihm unterstellten Männern. Als Oberbefehlshaber hatte er Zugang zum innersten Zirkel des Dritten Reiches. Glaube er wirklich nach dem »schwarzen Mai« zwei Jahre lang, dass irgendeine technische Errungenschaft einen Sieg noch möglich machen konnte?

Das Bündel der Maßnahmen, mit denen Dönitz in seinem Ressort auf die Lage reagierte, wirft aus der Rückschau betrachtet jedenfalls kein gutes Licht auf seine Führungsqualitäten. Eine Strategie ist kaum zu erkennen. Verschiedene Ansätze, die schon zuvor skizziert wurden, fraßen sich gegenseitig die ohnehin knappen Ressourcen an Material, Personal und Treibstoff weg. Ob die konsequente Entscheidung für einen neuen U-Boot-Typ am Kriegsverlauf etwas geändert hätte, darf bezweifelt werden. Doch gerade das lange Festhalten an den Entwicklungsarbeiten zum Walter-U-Boot ist aus heutiger Sicht kaum verständlich, zumal dieses seine überlegene Unterwassergeschwindigkeit nicht permanent, sondern nur einmal hätte ausfahren können. Möglicherweise hatte Dönitz das technische Prinzip dieses Antriebes auch gar nicht verstanden. Auch wurde noch im Winter 1944 von ihm ein gewaltiges U-Boot-Bunkerprojekt vorgestellt, für dessen Bau alleine vier Millionen m^3 Beton veranschlagt wurde. Die einzig mögliche Erklärung ist, dass Dönitz sich von den Erfolgen des Speerschen »Rüstungswunders« blenden ließ.

Schließlich wäre noch das Verhältnis zu Hitler zu nennen, das von unverbrüchlicher Treue und Bewunderung gekennzeichnet war. Zitate sind reichlich überliefert. Da dieses Verhältnis Dönitz' Handeln als Oberbefehlshaber fraglos beeinflusst hat, hatte es auch Auswirkungen auf das Leben der ihm unterstellten Männer. So ließ er völlig unzureichend ausgebildete Offiziersanwärter noch in den letzten Kriegswochen nach Berlin und an andere Kriegsschauplätze schaffen, wo sie fast vollständig aufgerieben wurden. Für diese Truppen ist der zynische Begriff »Dönitz-Spende« überliefert. So entsteht das Bild eines Offiziers, der eben nicht unpolitisch sein Kriegshandwerk betrieben hat, sondern sich manche Prinzipien des Nationalsozialismus zu eigen machte, inklusive des Glaubens an »Wunderwaffen«. Betrachtet man die teils chaotischen Anstrengungen, sich auf die verschärfte Lage im U-Boot-Krieg einzustellen, wirkt Dönitz mit seinen Aufgaben überfordert. Und doch genoss dieser Mann bei vielen U-Boot-Fahrern hohes Ansehen und sein Begräbnis, das nicht als Staatsbegräbnis ausgestaltet war, vereinte ehemalige und aktive Marineoffiziere, wenn auch in zivil.

»Aus. Wie konnte es so weit kommen?« Das Kriegsende 1945 in Kiel

Als Kapitänleutnant Emil Klusmeier am Abend des 14. Mai 1945 mit seinem U-Boot Kiel erreichte, war nichts mehr so, wie es gewesen war. Der Krieg war vorbei, die Stadt von britischen Truppen besetzt. Noch am 7. Mai hatte er mit U 2336, einem modernen Elektroboot vom Typ XXIII, im Firth of Forth zwei Frachtschiffe versenkt, bevor er den Rückmarsch in seinen Heimathafen antrat. Es waren die letzten Versenkungen, die im Zweiten Weltkrieg von deutschen U-Booten ausgingen und zu diesem Zeitpunkt eigentlich schon von Dönitz untersagt worden waren, um die laufenden Kapitulationsverhandlungen nicht zu stören. Klusmeier konnte glaubhaft versichern, dass er die entsprechenden Funksprüche zu spät erhalten hatte, da er meist getaucht operiert hatte. Ihm wurde gestattet, am 15. Mai sein Boot formell außer Dienst zu stellen, bevor er sich in britische Kriegsgefangenschaft begab. Irgendwie schaffte er es, das Kriegstagebuch seines Bootes an sich zu nehmen. Es befand sich in seinem persönlichen Nachlass und ist im Marinemuseum in Wilhelmshaven ausgestellt. »Aus. Wie konnte es soweit kommen?« ist der letzte handschriftliche Eintrag darin. Wie sein Verfasser ihn gemeint hat, werden wir nie erfahren.

In den ersten Tagen des Mai 1945 kam es in der U-Boot-Waffe zu einem Ereignis, das an die Selbstversenkung der Kaiserlichen Hochseeflotte im britischen Kriegshafen Scapa Flow erinnert und sicher von ihr inspiriert wurde. Unter dem Kennwort »Regenbogen« existierte seit 1943 der Befehl, Schiffe und Boote selbst zu versenken, wenn die Gefahr drohte, dass sie in feindliche Hände fallen würden. Mit der von Dönitz akzeptierten Teilkapitulation aller deutschen Verbände in Nordwestdeutschland, Dänemark und den Niederlanden wurde auch der Befehl zur Selbstversenkung widerrufen. Jedoch hielten sich viele Besatzungen nicht daran. Mehr als 200 Boote wurden in den Häfen, teilweise aber auch auf See selbstversenkt. Offenbar glaubten sie, trotz des Widerrufs in Dönitz' Sinne gehandelt zu haben oder misstrauten den Funksprüchen. Die genaue Zahl variiert in der Literatur, da manche Autoren auch Boote dazuzählen, die z. B. noch in der Endausrüstung oder bereits außer Dienst gestellt waren. Zwar begaben sich auch viele Boote, die auf See waren, in britische oder amerikanische Häfen. Dennoch überwiegt die Anzahl der mutwillig zerstörten U-Boote

Nur 155 Boote wurden fahrbereit an die Alliierten übergeben. Sie wurden abmunitioniert und bis zum Ende des Jahres 1945 in schottische und irische Häfen überführt. Die meisten wurden in der Operation »Deadlight« in ein Zielgebiet an der Nordwestküste Irlands geschleppt und dort versenkt. Rund 40 wurden übernommen und unter den Siegermächten aufgeteilt. Einige Boote waren bereits beschlagnahmt worden, etwa als die Rote Armee Danzig besetzte und damit auch die Schichau-Werft in Besitz nahm. Besonders die Elektroboote vom Typ XXI interessierten die Siegermächte und hatten großen Einfluss auf die Konstruktion der russischen Whiskey- und Zulu-Klasse, sowie die

Seite 115–116:
Im Mai 1945 inspizierten britische Soldaten den Bunker »Konrad« und fanden an den Ausrüstungsbecken eine Serie vorgefertigter Klein-U-Boote vom Typ »Seehund« vor. Kurz darauf wurde der Bunker gesprengt, auch der Bunker »Kilian« wurde im Oktober 1946 durch eine Sprengung zerstört, seine Ruinen ragten noch Jahrzehnte aus dem Fördewasser.

französische Narval-Klasse. Auch die Boote der britischen Oberon-Klasse wurden von diesem Bootstyp inspiriert. Erst am 12. Februar 1946 war die Operation »Deadlight« abgeschlossen. Als letztes Boot sank an diesem Tag U 3514 vom modernen Typ XXI. Damit waren die U-Boote aus Deutschland verschwunden, nicht aber die Bauwerke, die man eigens zu ihrem Schutz errichtet hatte. Sie beschäftigten erst die Alliierten, aber auch danach die Stadtverwaltungen und zwar noch lange Zeit nach Kriegsende. Teilweise sind sie bis heute vorhanden wie etwa im Falle der französischen U-Boot-Basen und werden immer wieder für Filmarbeiten verwendet.

Kiel war im Mai 1945 bereits stark zerstört, die letzten schweren Angriffe waren noch im März und April geflogen worden. Auch die U-Boot-Bunker waren dabei beschädigt worden. In der Anlage »Kilian« wurde dabei sogar ein U-Boot in der Endausrüstung versenkt und riss einige Werftarbeiter und Marinesoldaten mit sich in den Tod. Die Großwerften durften ihre Tätigkeit nicht wieder aufnehmen und wurden ab 1948 demontiert. Die zahlreichen Bunker wurden von einer britischen Kommission erfasst und sollten ebenfalls rasch zerstört werden. Bis zum 14. Juli wurden die Hochbunker bei den Deutschen Werken und im Marinearsenal gesprengt. Die Anlage »Konrad« wurde ebenfalls zerstört. Die Trümmer wurden dazu verwendet, den Innenhafen und den Bauhafen zuzuschütten. Die Aktionen hatten viele umliegende zum Teil noch intakte Häuser in Mitleidenschaft gezogen. Verschont wurden nur Bauwerke, die auf Gebieten standen, welche die Besatzer selbst nutzten. So wurden bei den Howaldtswerken keine größeren Sprengungen unternommen, da das Gelände von der Royal Navy genutzt wurde.

Die geplante Sprengung des »Kilian« gestaltete sich allerdings langwierig, weil britische Spezialisten die Anlage zunächst einmal genau untersuchen wollten, um aus der Konstruktion möglicherweise lernen zu können. Auch befand sich in der Nähe eine Trafostation, die von ihnen genutzt wurde, so dass die Zerstörung behutsamer vonstattengehen sollte als bei anderen Bunkerbauten. Am 25. Oktober 1946 wurden Sprengladungen gezündet. Der nördliche Eingangsbogen und die Seitenwände stürzen ein, der südliche Bogen und die Bunkerrückwand blieben hingegen stehen, was auch beabsichtigt war. Die Reste wurden erst 1959, unter deutscher Federführung erneut gesprengt, ohne vollständig beseitig werden zu können. In den 1980er Jahren entbrannte eine Diskussion um eine mögliche Nutzung der Ruine als Mahnmal an der sich Historiker, Künstler und Bürger teils hitzig beteiligten. 1988 wurde sie unter Denkmalschutz gestellt, jedoch im Jahr 2000 endgültig zugunsten der Hafenerweiterung abgebrochen. Ähnlich langwierig gestaltete sich die Beseitigung der U-Boot-Bunker in Hamburg. Die Anlage »Valentin« in Bremen ist jedoch bis heute erhalten geblieben und fungiert tatsächlich als Mahnmal.

Zahlreiche Schiffs- und U-Bootwracks mussten noch lange nach Kriegsende aus der Kieler Förde geborgen werden; die meisten wurden verschrottet. (Foto Magnussen, 1949)

Die Sprengung des Bunkers »Kilian« durch britische Einheiten führte 1946 nur zu einer Teilzerstörung, hier der Blick auf die Ruinen an der Schwentine (Foto Schenk, 1949)

Am 15. August 1956 wurde das erste U-Boot »Hai« der Bundesmarine in Dienst gestellt. Es handelte sich um ein Boot der Kriegsmarine vom Typ XXIII, das zehn Jahre nach der Selbstversenkung im Kattegat im Mai 1945 gehoben und von den Kieler Howaldtswerken vollständig überholt wurde. (Foto Magnussen, 1957)

U-Boote in der Bundesmarine und der Kieler U-Boot-Bau der Nachkriegszeit

Neuanfang mit alten Mitteln: Die U-Boote »Hai«, »Hecht« und »Wilhelm Bauer«

Nachdem Deutschland im Mai 1945 bedingungslos kapituliert hatte, beschränkte sich jegliche Marine-Tätigkeit auf die Beseitigung von Minenfeldern und die Unterstützung bei der Auslieferung der deutschen Kriegsschiffe, sowie der Demontage von Werftanlagen. Von der Kriegsmarinewerft in Wilhelmshaven blieb 1947 nur noch ein flaches Trümmerfeld übrig. Mit Ausnahme von Howaldt wurden in Kiel alle Werften fast vollständig demontiert, auch die Germaniawerft, die im Krieg führend im U-Boot-Bau gewesen war. Allerdings gab es verdeckt durchaus Aktivitäten: Der U-Boot-Konstrukteur Ulrich Gabler war schon 1949 einer Einladung der schwedischen Marine gefolgt, um dort als Berater tätig zu sein. Erste Entwürfe für neue U-Boote entstanden auch für die italienische Marine. Gabler konnte sich somit erfolgreich erneut als Experte etablieren und gründete das Ingenieurskontor Lübeck (IKL), das später den deutschen U-Boot-Bau federführend begleiten sollte.

Auch das zweite U-Boot der Bundesmarine »U Hecht«, hier bei seiner Indienststellung, war ein ehemaliges Küsten-U-Boot der Klasse XXIII der Kriegsmarine. Es wurde im August 1956 gehoben, bei den Howaldtswerken überholt und am 1. Oktober 1957 in die Bundesmarine übernommen. Es diente wie »U Hai« vornehmlich der Ausbildung und war zunächst an der Marineschule Mürwik, später in Neustadt stationiert. (Foto Magnussen)

Erst mit den Pariser Verträgen vom Oktober 1954 wurde die Voraussetzung geschaffen, dass Deutschland wieder Seestreitkräfte unterhalten durfte. Vor dem Hintergrund des Kalten Krieges sah man dies als notwendig an, U-Boote waren zunächst allerdings nicht geplant. Als die Bundesrepublik 1955 der NATO beitrat, waren in den Planungen immerhin 12 Küsten-U-Boote als deutscher Verteidigungsbeitrag vorgesehen, die zunächst nicht mehr als 350 t verdrängen durften. Da aber überhaupt keine U-Boote verfügbar waren und Neubauten entsprechenden Vorlauf brauchten, wurden zwei Boote des Typs XXIII, sowie eines vom Typ XXI geborgen und grundüberholt. 1957 wurden die beiden kleinen Boote als »Hai« und »Hecht« in Dienst gestellt. Sie dienten vor allem der Ausbildung des künftigen Personals. Das große Boot erhielt eine Sondergenehmigung der Westeuropäischen Union (WEU) als Erprobungsplattform, da es die erlaubte Tonnage weit überschritt. Seine Indienststellung erfolgte 1960 als »Wilhelm Bauer«. Parallel wurde schon an Neubauten gearbeitet. Bemerkenswert ist, dass die Wiederherstellung der drei Boote ohne Bauakten erfolgen musste, da diese nach dem Krieg beschlagnahmt worden waren. Für die Howaldtswerke bedeutete diese erfolgreiche Instandsetzungsarbeit die Grundlage für weitere Aufträge, die dann 1959 auch erteilt wurden. Im Krieg war die Werft im U-Boot-Bau nur wenig aktiv gewesen.

Obwohl die ersten U-Boot-Besatzungen also auf Booten ausgebildet wurden, die noch für den Tonnagekrieg im Atlantik vorgesehen waren, hatten sich die Anforderungen an dieses Seekriegsmittel inzwischen vollständig gewandelt. Deutschlands U-Boot-Beitrag zur NATO-Strategie sollte nur die Nord- und Ostsee abdecken. Die Boote selbst sollten sich vor allem lautlos bewegen und erwartete Landungsoperationen des Warschauer Paktes stören. Außerdem sollten sie andere U-Boote bekämpfen und Kommandooperationen durchführen, was im Zweiten Weltkrieg noch die absolute Ausnahme gewesen war. Diese Anforderungen blieben lange erhalten. Das wirkte sich deutlich auf die geplanten und realisierten Neubauten aus, die allesamt vergleichsweise klein waren. Sie konnten auch in flachem Wasser operieren und waren schwer zu orten. Die Klasse 206 schaffte später allerdings sogar Atlantiküberquerungen und nahm an Manövern entlang der amerikanischen Ostküste teil.

Mit den drei Weltkriegsbooten erhielt die Marine rasch die Möglichkeit, aktuelle Technik für die im Bau befindlichen Boote zu erproben. Bereits bei der Indienststellung hatte man »Hai« und »Hecht« mit neuen akustischen Ortungsgeräten ausgestattet. Im weiteren Verlauf der Dienstzeit gestaltete man die Türme strömungsgünstiger, später kamen neue Motoren zum Einsatz, wobei die Bootskörper verlängert wurden. Auch die Schnorcheleinrichtung wurde dabei überarbeitet, was einem der beiden Boote später zum Verhängnis wurde: »Hai« befand sich am 14. September 1966 zusammen mit weiteren Booten und Begleitschiffen auf dem Weg nach Aberdeen, wo ein Flottenbesuch stattfinden sollte. Als der Verband in einen Sturm geriet, drang durch den umkonstruierten Schnorchel Wasser in das Boot und blieb lange unbemerkt in der Maschinenraumbilge. Bis auf einen Mann starben

Seite 124–125:
Bei einer Pressefahrt anlässlich der Indienststellung des U-Bootes »Hai« im Oktober 1956 wurde die Arbeit der Besatzungsmitglieder an den Funktionseinheiten präsentiert: der Torpedomechaniker an den Rohren im Bugraum des U-Bootes, der Leitende Ingenieur an der Antriebssteueranlage und der Rudergänger am Seitenruder.
(Fotos Magnussen)

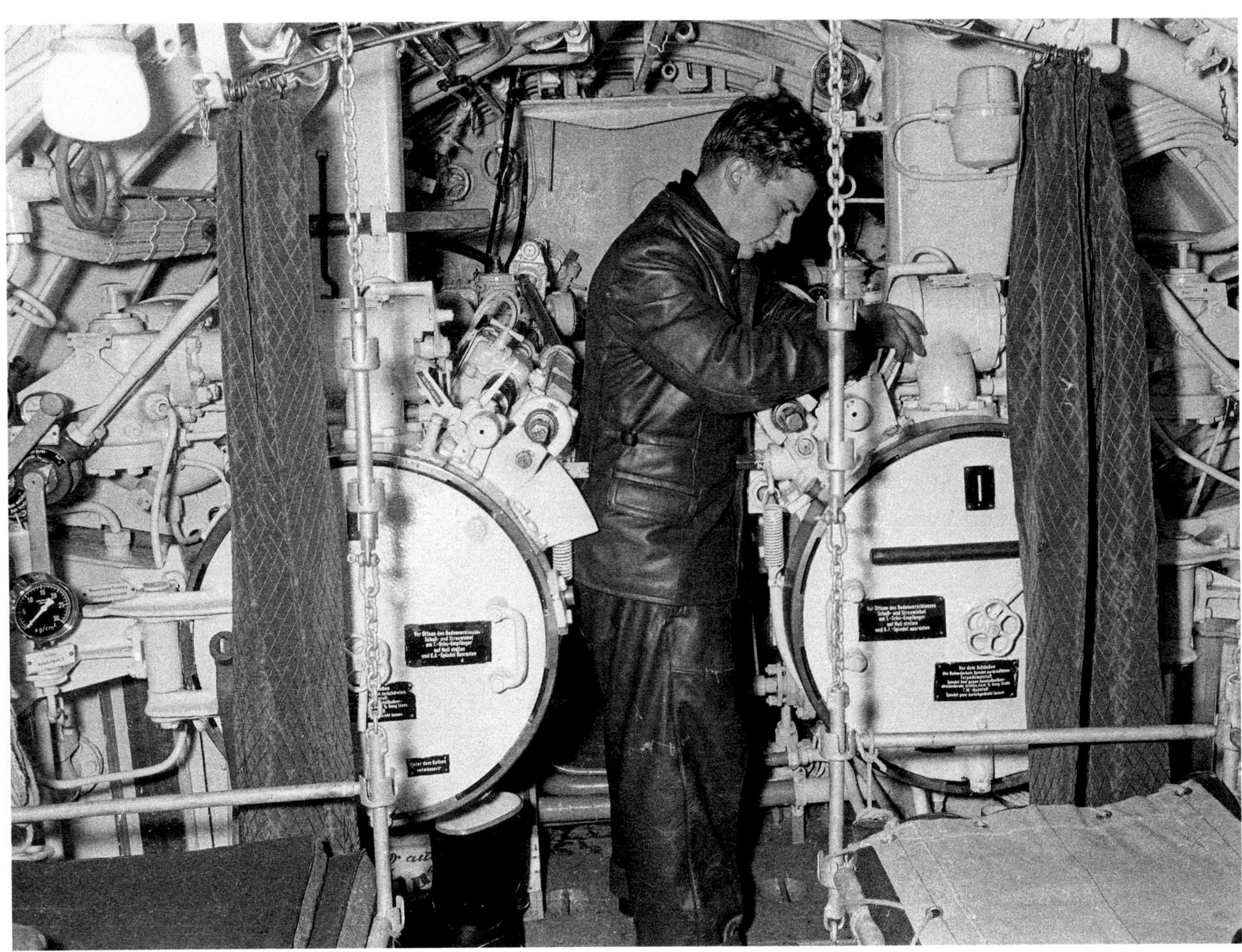

Das ehemalige U-Boot »U 2540« wurde 1957 in der Flensburger Förde gehoben und dann im Werk Gaarden der Howaldtswerke im Schwimmdock instandgesetzt. Es erhielt den Namen »Wilhelm Bauer« und sollte der Bundesmarine als Versuchsboot dienen; hinten im Bild das U-Boot »Hai«. (Foto Magnussen, 1958)

alle Besatzungsangehörigen bei dem Unglück. Das Boot wurde geborgen und untersucht. Es wurde jedoch nicht erneut in Dienst gestellt und auch »Hecht« wurde zwei Jahre später abgewrackt.

Das große Boot »Wilhelm Bauer« konnte zwar ebenso erfolgreich wieder instand gesetzt werden, für die Ausbildung verwendete man es dennoch nicht. Es wurde vielmehr als reine Erprobungsplattform benutzt, wobei sich die großzügigen Platzverhältnisse an Bord positiv auswirkten. Die Veränderungen am Boot betrafen fast alle Bereiche. So wurden weder die Flaktürme, noch die Schnelllade-Vorrichtung für Torpedos wieder installiert. Auch verzichtete man auf zwei der Bugtorpedorohre. Dafür richtete man eine Schleuse für Kampfschwimmer am Heck ein. Die Arbeiten dauerten entsprechend länger, weshalb mehr als drei Jahre bis zur Fertigstellung vergingen. Vor allem neue Sonaranlagen wurden an Bord erprobt. 1965 wurde das Boot dem Bundesamt für Wehrtechnik und Beschaffung unterstellt und erhielt eine zivile Besatzung. Ab 1970 verwendete man es zur Erprobung neuer Torpedos und als Zielschiff, bevor nach einer Kollision im Mai 1980 die Außerdienststellung beschlossen wurde. 1983 konnte das schon zum Teil ausgeschlachtete U-Boot wieder instand gesetzt und als Technikmuseum in Bremerhaven eröffnet werden. Dort liegt es noch heute und ist das letzte erhaltene Boot vom Typ XXI weltweit.

Die offenkundige Bescheidenheit des Wiederbeginns der deutschen U-Boot-Waffe darf nicht darüber hinwegtäuschen, dass es durchaus größere Ambitionen gegeben hat. Besonders die erfolgreiche Erprobung des amerikanischen Atom-U-Bootes »Nautilus« verfehlte ihre Wirkung nicht. So ist überliefert, dass der deutsche Verteidigungsminister Franz Josef Strauß 1959 erwog, bei der WEU die Aufhebung aller schiffbaulichen Beschränkungen zu beantragen. Es gab auch diplomatische Vorstöße in den USA, die auf den Erwerb eines Atom-U-Bootes abzielten, aber allesamt abgeschmettert wurden. Ein Antrag bei der WEU unterblieb dann auch, um außenpolitische Irritationen zu vermeiden. Behauptungen, der in den 1960er Jahren gebaute Atom-Frachter »Otto Hahn« sei ein U-Boot-Reaktor quasi durch die Hintertür gewesen, lassen sich ebenfalls nicht verifizieren. Ob die Bundesmarine überhaupt die Infrastruktur für den Betrieb eines oder mehrere Atom-U-Boote hätte schaffen können, muss bezweifelt werden. Doch das Interesse an diesem Antrieb für die Marine passt hervorragend in die Zeit der allgemeinen Atombegeisterung, die ab Mitte der 1950er Jahre auch die Bundesrepublik erfasst hatte.

1969 wurde das U-Boot »Hecht« auf dem Werftgelände an der Kieler Hörnspitze abgewrackt. (Foto Magnussen)

Die U-Boot-Klasse 201. Der schwierige Wiederbeginn des U-Boot-Baus in Kiel

Während die junge Bundesmarine ihre ersten U-Boot-Besatzungen auf gehobenen Weltkriegsbooten ausbildete, wurde seit 1955 intensiv an neuen Bootstypen gearbeitet, die den Anforderungen der NATO entsprechen sollten. Bereits frühzeitig wurde jedoch festgelegt, dass etwa im Hinblick auf die Tauchtiefe nicht nur der Ostseeeinsatz möglich sein sollte, sondern auch größere Tiefen machbar wären. Die neuen Boote sollten zwei bis drei Wochen operieren können, weitgehend lautlos sein und sich der Sonarortung entziehen. Auch ein Kleinst-U-Boot wurde skizziert. 1957 wurden beide Entwürfe dem IKL zur Ausarbeitung übergeben. 1958 folgte ein offizieller Entwicklungsauftrag für das größere Boot, das man nun als Klasse 201 bezeichnete. Erfahrungen aus dem Zweiten Weltkrieg flossen in den Entwurf ein. So war schon im Krieg gefordert worden, mehr Torpedorohre mit schussbereiten Torpedos zur Verfügung zu haben, da sich das Nachladen als zeitraubend und anstrengend erwies. Der neue Typ sollte demnach acht Torpedorohre besitzen, was aufgrund der kompakten Größe eine konstruktive Herausforderung war. 150 Meter Tauchtiefe plus einer großzügigen Sicherheit ließen sich allerdings nicht verwirklichen, so dass man sich mit 100 Metern zufrieden geben musste. Vor der Auftragsvergabe wurden noch umfangreiche Änderungen eingefordert wie die Vergrößerung des Unterwasser-Fahrbereichs. Als Bauwerft wurde die Kieler Howaldtswerke AG vorgesehen, der Bauauftrag über 12 Einheiten wurde am 16. März 1959 abgeschlossen. Wie schon bei den Elektrobooten im Zweiten Weltkrieg wurde die Sektionsbauweise angewendet.

Eine Forderung jedoch sollte sich als verhängnisvoll herausstellen: Um gegen potentielle magnetische Grundminen in den flachen Gewässern der Ostsee geschützt zu sein, sollte die Außenhülle entsprechend amagnetisch ausgeführt werden. Ein solches Material war aber im U-Boot-Bau nie zuvor verwendet worden, so dass zunächst ein geeigneter Zulieferer gefunden werden musste. Ein amagnetischer, aber dennoch höchst belastbarer Stahl war schwierig herzustellen und zwang zu Kompromissen. Da der Bauauftrag zu diesem Zeitpunkt schon erteilt war, drängte zudem die Zeit. Man entschied sich für eine Firma aus Österreich. Dass der bestellte Stahl anfällig für Korrosion war, wusste man. Untersuchungen hatten jedoch ergeben, dass man mit entsprechenden Schutzanstrichen dieses Problem eindämmen konnte. Erste Versuche mit Probesektionen bestätigten dies, ergaben allerdings auch, dass die schon reduzierte geforderte Tauchtiefe von 100 Metern nicht zu halten war. Sie wurde für die geplanten weiteren Boote auf 80 Meter herabgesetzt. Am 20. März 1962 wurde das erste neu gebaute U-Boot seit Kriegsende in Deutschland in Dienst gestellt. Es erhielt die Bezeichnung U 1.

Schon wenige Monate nach der Indienststellung zeigten sich schwerwiegende Probleme mit dem verwendeten Stahl. Sowohl bei U 1, als auch bei U 2 zeigten sich Risse an der Außenhaut, die zunächst

Seite 130–131:
Stapellauf und Taufe von »U 1«, dem ersten U-Boot-Neubau nach dem Zweiten Weltkrieg für die Bundesmarine, am 21. Oktober 1961 sowie von »U 2« am 25. Januar 1962 im Werk Gaarden der Kieler Howaldtswerke.
(Foto Magnussen)

U2

Das bei den Howaldtswerken gebaute U-Boot »U 3« wurde unter dem Namen »Kobben« am 10. Juni 1962 im Kieler Tirpitzhafen an die norwegische Marine zunächst zur Erprobung übergeben. Es war der Beginn des später stark ausgebauten Exportgeschäftes der Werft mit U-Booten.

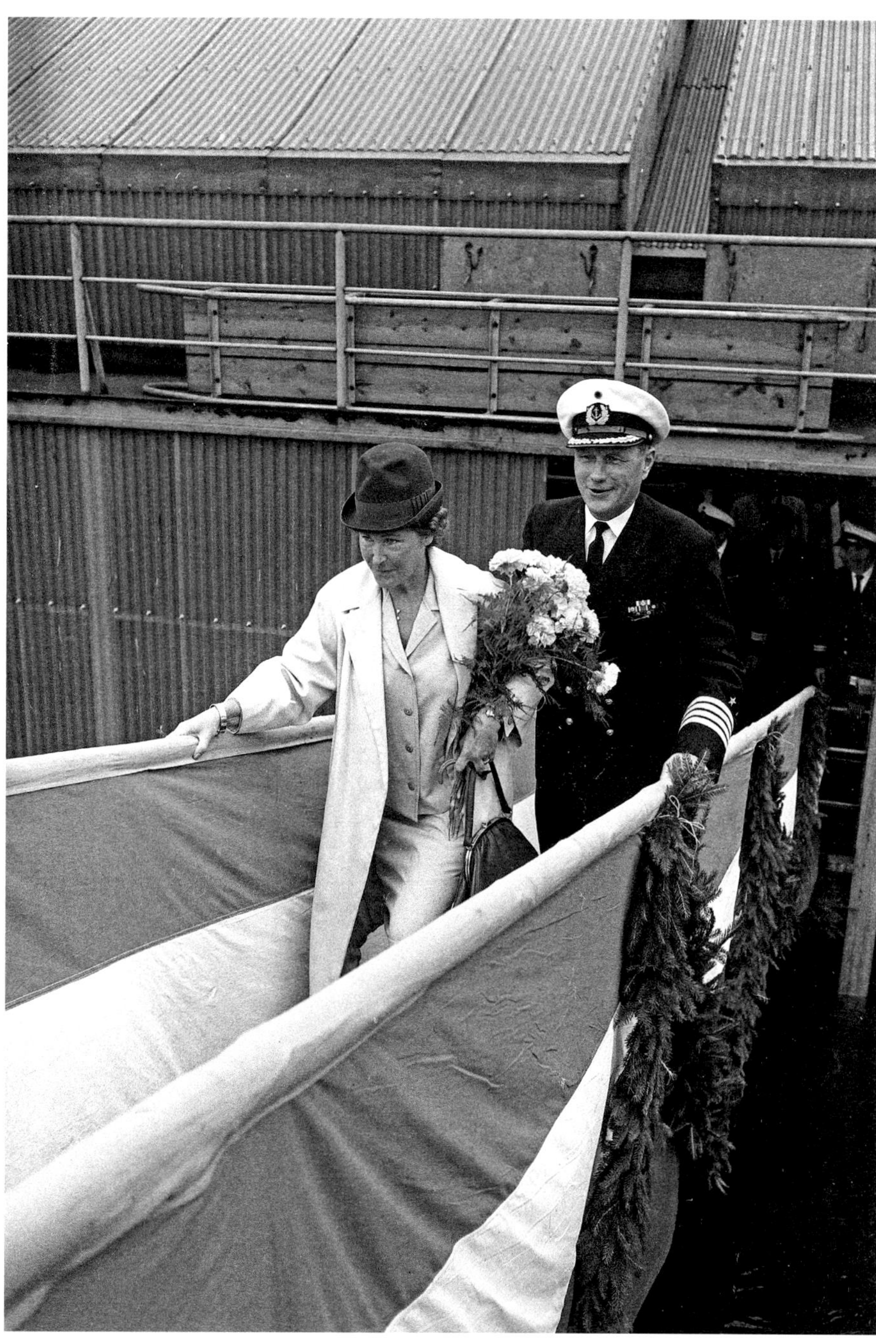

Stapellauf und Taufe von »U 4« am 22. August 1962 bei den Kieler Howaldtswerken; Taufpatin war Alice Scholz, begleitet von Ihrem Mann, dem Standortkommandanten von Wilhelmshaven. (Foto Magnussen)

für Schweißspannrisse gehalten wurden. Wenig später wurde klar, dass Korrosion die Ursache war. Eine Untersuchung ergab, dass es seinerzeit eine Verwechslung bei den geprüften Stahlproben gegeben haben musste, als man die Tauglichkeit für den Bau überprüft hatte. Auch bei U 3 und U 4 zeigten sich dieselben Schäden nach kurzer Zeit. Bei U 1 konnte zudem beobachtet werden, dass selbst Kondenswasser im Innern des Druckkörpers Korrosion, die sich bis zu Rissen an der Außenseite fortsetzte, entstehen ließ.

Mit einem Bündel von Maßnahmen versuchte man, auf die Lage zu reagieren: U 1 bis U 3 wurden außer Dienst gestellt und sollten komplett neue Bootskörper erhalten. Bis zu diesem Zeitpunkt wurde ihre Tauchtiefe auf 40 Meter beschränkt. U 4 bis U 8 sollten einen nochmals verbesserten Schutzanstrich bekommen. Sie unterschieden sich bereits deutlich von den ersten drei Booten und erhielten daher die Bezeichnung Klasse 205. Die noch nicht begonnenen Boote U 9 bis U 12 wurden annulliert. Diese sollten erst gebaut werden, wenn ein zuverlässiger amagnetischer Stahl verfügbar wäre. Mit Langzeituntersuchungen wurde das Max-Planck-Institut beauftragt, weshalb klar war, dass mit einem baldigen Bau dieser Einheiten nicht zu rechnen sein würde. Auch die im Anschluss an geplanten Boote der Klasse 206 verzögerten sich entsprechend. In der Öffentlichkeit wurde diese Stahlkrise scharf kritisiert. Das Material für die annullierten Boote war bereits geliefert worden und der Hersteller ließ sich auch nicht haftbar machen, so dass die offiziellen Untersuchungen endeten, ohne einen Schuldigen präsentieren zu können. Für die Werft bedeutete es allerdings einen schweren Rückschlag, da alle kommenden Neubauten sich nun um Jahre verzögerten. Als Ausweg wurden die Exportgeschäfte intensiviert.

U 3 diente der Norwegischen Marine zur Erprobung, da diese eine umfangreichere Bestellung in Deutschland plante. U 1 und U 2 erhielten dazu eine komplett neue Hülle aus magnetischem Stahl. Alle drei Boote dienten noch eine Weile als Erprobungsplattform. Schließlich konnten die restlichen Boote der ersten Serie, U 9 bis U 12, mit neuem, amagnetischem und korrosionsbeständigen Stahl gebaut werden. Das letzte Boot wurde 1969 in Dienst gestellt. Gleichzeitig wurden die ersten Boote schon zu Ausbildungszwecken abgestellt. Die Boote der Klasse 205, bei denen der fehlerhafte Stahl verbaut worden war, wurden nach und nach alle der U-Boot-Lehrgruppe in Neustadt zugeteilt. Die Boote des zweiten und dritten Bauloses bildeten das 1. U-Boot-Geschwader in Kiel. Einige sind noch heute als Museumsschiff erhalten: Sie können in Wilhelmshaven, in Burgstaaken auf Fehmarn oder in Speyer besichtigt werden. Nachfolger wurde die Klasse 206, von der heute noch ein Boot als Museumsschiff im Technikmuseum Sinsheim erwartet wird. Alle anderen sind inzwischen ebenfalls außer Dienst.

Indienststellung von »U 7« im Tirpitzhafen Kiel am 16. März 1964. (Foto Magnussen)

Taufe von »U 11« im Kieler Marinearsenal durch Friederike Gysae, Ehefrau des Kommandeurs der Marinedivision Nordsee. (Foto Magnussen)

Im weltweit einzigartigen Druckdock des Kieler Marinearsenals konnten für Tests der U-Boot-Neubauten verschiedene Tauchtiefen simuliert werden. (Foto Magnssen, 1969)

Während bei den Howaldtswerken der Neubau von U-Booten begann, ragten noch immer die Ruinen des NS-Bunkers »Kilian« weithin sichtbar aus der Förde und erinnerten an die Kriegsgeschichte. Dieses Mahnmal wurde erst 2001 unter öffentlichem Protest abgebrochen, weil es dem Hafenausbau im Wege stand. (Foto Magnussen, 1962)

Enthüllungen und Buchheim-Kontroverse. Eine neue Betrachtung der »Schlacht im Atlantik«

Die 1970er Jahre hatten für die Erinnerung an den U-Boot-Krieg im Zweiten Weltkrieg in zweifacher Hinsicht eine enorme Bedeutung: Mit dem Roman »Das Boot« von Lothar-Günther Buchheim erschien zum ersten Mal ein vielgelesenes und gleichzeitig kontrovers diskutiertes Buch über den U-Boot-Krieg. Es machte seinen Verfasser weltbekannt und zog zahlreiche weitere Veröffentlichungen nach sich. Buchheim war im Zweiten Weltkrieg als Marine-Kriegsberichterstatter auf U-Booten und Zerstörern gefahren. Nach dem Krieg schrieb er seinen Roman als fiktives Werk, jedoch mit deutlich autobiografischen Zügen. In Marinekreisen löste er einen regelrechten Machtkampf um die Deutungshoheit über den U-Boot-Krieg aus.

Buchheims Roman ragt schon aufgrund seiner Länge aus den bis dahin bekannten Veröffentlichungen heraus, erfuhr aber in gebildeten Kreisen breite Anerkennung. Bücher über den U-Boot-Krieg waren zuvor eher anspruchslose Literatur gewesen, auch wenn es Ausnahmen gegeben hat. Den Massenmarkt hatten sie indes nie erobert. Teilweise waren es Texte bekannter Propaganda-Autoren, die nur leicht verändert erneut auf den Markt geworfen wurden. In ihnen herrschte Konsens, wie die U-Boot-Fahrer angeblich gewesen waren: Raue, aber herzliche Gesellen, die heldenhaft und ohne zu hinterfragen ihre Pflicht erfüllten. Die Kameradschaft, die »Band of Brothers«, stand zentral im Mittelpunkt. Das Motiv der Ritterlichkeit gegenüber dem Kriegsgegner war ebenfalls weit verbreitet. Großadmiral Dönitz war »der Löwe«, der großen Respekt genoss. Meist waren es Erzählungen aus der Zeit vor dem »schwarzen Mai«. Diese Schilderungen waren gut dazu geeignet, positive Tugenden aus der Zeit des Zweiten Weltkrieges in die Bundesrepublik hinüberzuretten und den Seekrieg vom Vernichtungskrieg zu entkoppeln.

Buchheim schilderte die U-Boot-Fahrer 1973 anders. Schon der Beginn des Romans, der ein exzessives Trinkgelage in einer französischen U-Boot-Basis beschreibt, hebt sich von den bis dahin existierenden Veröffentlichungen ab. Die Kommandanten wirken gebrochen, vorzeitig gealtert, wie menschliche Wracks. Namen nennt Buchheim nicht oder er verfremdet sie. Doch die Zeitzeugen wussten sofort, wer gemeint war. Auch nahmen die erotischen Fantasien und sexuellen Prahlereien der Unteroffiziere einen großen Raum ein und widersprachen nach Ansicht Vieler dem Bild des deutschen Soldaten. Und schließlich sparte Buchheim nicht mit Kritik an der Führung und damit Karl Dönitz oder Eberhard Godt, Admiralstabsoffizier bei Dönitz, persönlich. Diese genossen unter den ehemaligen U-Boot-Fahrern jedoch nach wie vor ein hohes Ansehen. Auch karikierte Buchheim gelegentlich die Motive anderer Autoren und verlieh ihnen einen zynischen Unterton. So gibt er eine Geschichte des Kommandanten wieder, in der dieser von der Versenkung eines Handelsschiffes berichtet. Dessen Kapitän habe ihm anschließend gedankt, dass er mit dem finalen Torpedoschuss

Mit einer Kranzniederlegung am Volkstrauertag 1969 wurde die Neugestaltung des U-Boot-Ehrenmals in Möltenort eingeweiht: Das ehemalige große Hakenkreuz war nun durch ein U-Boot-Kriegsabzeichen ersetzt – ein Symbol, das auf den Esten Weltkrieg zurückgeht. Ein Rundgang mit 115 Bronzetafeln erinnert an mehr als 35.000 tote U-Boot-Fahrer aus beiden Weltkriegen.

Die weltweite Aufrüstung und auch der Bau von U-Booten wurde in den späten 1960er Jahren Ziel von Protesten. Kieler Mitglieder des VK (Vereinigte Kriegsdienstgegner) protestierten am Tirpitzhafen gegen den Besuch des britischen Atom-U-Bootes »Warspite«. (Foto Magnussen 1969)

gewartet habe, bis die Mannschaft in den Rettungsbooten untergebracht war. Der Grund war jedoch gewesen, dass man so lange zum Nachladen der Torpedos gebraucht hatte. Das Ende des Buches liest sich deprimierend und lässt den Leser ratlos mit der Frage zurück, wozu all das Leiden der Figuren letztlich gut war.

Die Auseinandersetzung mit dem Roman fand zum Teil öffentlich statt und kulminierte in gegenseitigen Diffamierungen in der Presse. Die Leserbriefsparten maritimer Zeitschriften wie der Marine-Rundschau enthielten lange Diskussionen. Buchheim veröffentlichte weitere Bücher, die sich vor allem aus seinen im Krieg gefertigten Fotografien speisten und im Ton schärfer wurden. Die U-Boot-Fahrer schilderte er aggressiver denn je als von ihrer eigenen Führung mutwillig und wider besseres Wissen missbrauchte Generation. Seine Gegner versuchten wiederum anhand der Bilder den Autor als unglaubwürdig darzustellen, indem sie akribisch nach Fehlern suchten und ihm seine Veröffentlichungen zu Kriegszeiten vorhielten. Zudem wurde ihm vorgeworfen, als Kriegsberichterstatter ohnehin kein wirklicher U-Boot-Mann gewesen zu sein. Es erschien sogar 1986 eine »Anti-Buchheim-Schrift« aus der Feder zweiter ehemaliger Kommandanten, die für sich in Anspruch nahmen, für alle U-Boot-Fahrer zu sprechen. Die Auseinandersetzungen um den Roman hat der Historiker Michael Salewski 1976 zum Gegenstand einer wissenschaftlichen Studie gemacht.

Spätestens mit der Verfilmung des Stoffes 1981 durch Wolfgang Petersen erhielt Buchheims Sicht auf die Schlacht im Atlantik jedoch eine gewisse Allgemeingültigkeit, auch wenn der Autor mit dem Film nicht zufrieden war. Wesentliche kontroverse Elemente des Buches jedoch blieben erhalten und erreichten ein internationales Publikum. Inzwischen wird der Roman auch als Hörbuch und Theaterstück verarbeitet. Er zählt zu den bekanntesten deutschen Filmen überhaupt. Auch wenn Buchheim laut aktueller Forschung seine kritische Haltung erst nach dem Krieg entwickelt hat, gebührt ihm durchaus das Verdienst, den Blick auf den U-Boot-Krieg mit seinen Veröffentlichungen geweitet und den bis dato bekannten Stereotypen neue, wichtige Facetten hinzugefügt zu haben.

Nicht weniger bedeutsam und ebenso ein Stoff für Filme waren die Enthüllungen über das Ausmaß der alliierten Funkaufklärung. Zum ersten Mal wurde darüber 1974 berichtet, nur ein Jahr nach dem Erscheinen von »Das Boot«. Das Buch »The Ultra Secret« des britischen Luftwaffenoberst F. W. Winterbotham machte den Einbruch in den deutschen Funkschlüssel erstmals öffentlich, nachdem selbst amtliche Darstellungen dies unerwähnt gelassen und damit den Mythos von der Zuverlässigkeit der deutschen Schlüsselverfahren erst geschaffen hatten. Winterbotham hatte keine Akten verwendet, sondern lediglich Memoiren veröffentlicht. 1976 wurden dann amtliche Quellen für die Forschung freigegeben und es erschienen in den Folgejahren die ersten wissenschaftlichen Publikationen. Obwohl diese zu dem Schluss kamen, dass die Funkaufklärung keineswegs allein kriegsentscheidend gewesen war, entwickelte sich doch ein eigener, populärer und bis heute anhaltender Mythos um die alliierten Codeknacker,

Der 1973 erschienene Roman »Das Boot« von Lothar-Günther Buchheim und die Verfilmung von Wolfgang Petersen im Jahr 1981 – hier das Plakat der Filmfassung von 1997 – setzten sich mit der Rolle der U-Boot-Waffe im Zweiten Weltkrieg auseinander, nährten aber letztendlich den mit dieser Waffengattung verbundenen Mythos.

Seit 1972 liegt das ehemalige Boot der Kriegsmarine »U 995«, das während des Zweiten Weltkriegs in Norwegen im Einsatz war, als technisches Denkmal und ohne kritischen Verweis auf die NS-Kriegsgeschichte am Strand von Laboe. Seine Anziehungskraft ist riesig: es wird jährlich von mehr als 300.000 Gästen besucht. (Foto Magnussen)

besonders im britischen Areal Bletchley Park. Eine wissenschaftlichen Standards genügende Gesamtdarstellung der Schlacht im Atlantik ist seitdem dennoch nicht geschrieben worden. Allerdings gibt es lesenswerte Studien, welche den Einfluss der Funkaufklärung auf einzelne Operationen herausgearbeitet haben. Und nicht zuletzt den Romanen Lothar-Günther Buchheims ist es zu verdanken, dass ein Mythos inzwischen wohl weitgehend aus dem kollektiven Gedächtnis verschwunden ist: dass es anderen deutschen U-Booten beinahe gelungen wäre, den Zweiten Weltkrieg zu gewinnen.

Export als neues Standbein: Die U-Boot-Klassen 205 bis 210

Auch beim Wiederbeginn im deutschen U-Boot-Bau nach dem Zweiten Weltkrieg spielten Exporte fast von Anfang an eine Rolle. Während der Stahlkrise halfen sie den Werften, im U-Boot-Bau aktiv zu bleiben, obwohl die Aufträge für die Bundesmarine stagnierten bzw. annulliert wurden. Parallel wurde an einem alternativen Antriebssystem für ein größeres Jagd-U-Boot gearbeitet. Alle drei Bereiche, die konventionellen Boote für den Eigenbedarf, die für den Export bestimmten und die geplanten Boote mit neuem Antrieb beeinflussten sich gegenseitig. Neben die Howaldtswerke trat als Bauwerft die erst zu Rheinstahl, schließlich ab 1974 zu Thyssen gehörige Werft Nordseewerke in Emden.

Die norwegische Marine hatte in der NATO die Aufgabe, die so genannte Nordflanke zu sichern. Der lange Küstenstreifen des Landes in Verbindung mit dessen reichen Rohstoffvorkommen hatte schon im Zweiten Weltkrieg zur Besetzung durch deutsche Truppen geführt. Norwegens Verteidigungsbeitrag dieser Nordflanke sollte aus einer kleinen, aber schlagkräftigen U-Boot-Flotte bestehen. Das Land besaß allerdings nur beschlagnahmte deutsche und einige britische U-Boote aus der Zeit vor 1945. Die in Deutschland entstehenden neuen U-Boote erschienen den Norwegern am ehesten für ihre eigenen Zwecke geeignet. 15 Boote sollten angeschafft werden, die auf der Klasse 201 basierten, jedoch für Norwegen abgewandelt wurden. Der Entwicklungsauftrag dafür ging 1961 an das IKL in Lübeck. Das auf Basis der inzwischen entwickelten deutschen Klasse 205 erdachte U-Boot sollte bei der norwegischen Marine eine größere Tauchtiefe haben. Darum wählte man auch keinen amagnetischen Stahl aus. Zentralaufbau und Seitenruderanlage wurden ebenfalls verändert. Nach der Ausschreibung erhielt die Werft Rheinstahl Nordseewerke in Emden den Zuschlag. Im Januar 1962 erfolgte der Bauauftrag. Innerhalb der deutschen Typenbezeichnung erhielt dieser Bootstyp die Klasse 207. Zur Erprobung wurde U 3 der norwegischen Marine leihweise zur Verfügung gestellt. Der Zusammenbau des ersten Bootes begann im März 1963.

Am 12. Juni 1967 konnte das letzte Boot an Norwegen ausgeliefert werden. Ab 1968 bezog Howaldt in Kiel für den U-Boot-Bau ein neues Gelände, das ehemals zur abgebrochenen Germaniawerft gehört hatte. Die Werft fusionierte im selben Jahr zu Howaldtswerke-Deutsche Werft AG (HDW).

Der erfolgreich für Norwegen abgewickelte Auftrag zog weitere nach sich: Dänemark bemühte sich um Lizenzen, um zwei U-Boote der Klasse 205 auf eigenen Werften bauen zu können. 1965 wurde damit begonnen, das Projekt dauerte mit rund fünf Jahren jedoch ausgesprochen lange, was sich durch unterschiedliche Normungen erklären ließ. Mehrere Entwürfe für den Küsten- und Mittelmeereinsatz wurden noch aus den Klasse 205 und 207 abgeleitet und anderen Marinen angeboten. Eine Kooperation mit der britischen Werft Vickers Shipbuilding Group führte zu einem Auftrag aus Israel, das drei Boote bei Vickers bestellte. Sie waren deutliche größer als die deutschen U-Boote und wurden ab 1974 gebaut. Ein verlängerter Turm ermöglichte das Abfeuern von Raketen. War die für Israel entworfene Klasse 540 schon deutlich größer als die bisher für die Bundesmarine und Norwegen gebauten Boote, reichte die Bandbreite der in Deutschland entwickelten Typen bis in den Bereich von 1000 Tonnen. Die Voraussetzung dafür war dadurch geschaffen worden, dass die WEU der Bundesrepublik 1962 ein Kontingent von 6 großen Jagd-U-Booten zugestanden hatte. Da für den Eigenbedarf ein Bau noch nicht infrage kam, konnte diese Tonnage für Exporte auch größerer Boote innerhalb der NATO verplant werden. Nachdem die Howaldtswerke gemeinsam mit dem IKL einige große Boote für Südafrika projektiert hatten, interessierte sich 1967 Griechenland konkret für eine Anschaffung. So entstand die Klasse 209, welche vor allem mit einer hohen Unterwassergeschwindigkeit aufwarten konnte. Knapp 50 Tage konnte das Boot operieren. Seine Größe erlaubte das Mitführen von Reservetorpedos und kam auch dem Komfort der Besatzung zugute. Griechenland bestellte vier Einheiten.

Der Typ 209 war eine Erfolgsgeschichte. Insgesamt 60 Export-Boote konnten bis 2015 realisiert werden. Nachdem 1973 die Beschränkungen für die U-Boot-Tonnage weitgehend weggefallen waren, konnten U-Boote für Peru, Kolumbien, Venezuela, Ecuador und die Türkei in Deutschland gebaut werden, ohne auf ausländische Werften zurückgreifen zu müssen. Größere U-Boote wurden vereinzelt für Argentinien und Norwegen gebaut. Die Klasse 210 oder Ula-Klasse war zusammen mit der israelischen Dolphin-Klasse die letzte mit konventionellem diesel-elektrischen Antrieb. Sie wurde in den 1980er Jahren unter Beteiligung norwegischer und französischer Firmen in Kiel realisiert. Die sechs Boote sind bis heute in der norwegischen Marine aktiv. Auch die israelischen Boote sind bis heute im Einsatz. Das erste Baulos dieser aus der Klasse 209 abgeleiteten Boote konnte gleichzeitig zur Erprobung von Komponenten der außenluftunabhängigen Boote der Klasse 212 verwendet werden. Im Nicht-nuklearen U-Boot-Bau konnte sich Deutschland eine Spitzenposition erarbeiten, die bis heute gehalten wird. 1988/89 bezog HDW wiederum ein neues Gelände in Kiel Gaarden.

Das Exportgeschäft war und ist jedoch nicht frei von Konflikten. Schon die ersten Boote für Griechenland gerieten in die Diskussion, als das Land nach einem Putsch zu einer Militärdiktatur geworden war. Der seinerzeit vom Schah regierte Iran bestellte 1977 sechs U-Boote. Nach der islamischen Revolution wurde dieser Auftrag jedoch auf Eis

Blick über das Gelände des Kieler Marinearsenals in Ellerbek mit Schwimmdocks und der Druckkammer für den U-Boot-Bau. (Foto Magnussen 1972)

Zahlreiche in Kiel gefertigte U-Boote des Typs 209 gingen seit Mitte der 1970er Jahre in den weltweiten Export, so auch die beiden für die Türkei bestimmten Boote »Saldiray« und »Atilay«, hier bei der Taufe bei HDW am 29. Juli 1975. (Foto Magnussen)

gelegt und ging schließlich verloren. Auch als Chile 1980 zwei Boote der Klasse 209 bestellte, warf dies politische Fragen auf. Im Falle der Türkei wurden die von dort beauftragten Boote als Lizenzbauten verwirklicht. In den späten 1980er Jahren musste ein Untersuchungsausschuss eingerichtet werden, nachdem illegal Baupläne für deutsche U-Boote nach Südafrika verkauft worden waren, obwohl das Land einem Waffenembargo unterlag. Auch die für Israel gelieferten U-Boote warfen Kontroversen auf, da sie zum einen stark subventioniert waren und zum anderen gerüchtehalber als Plattform für Atomwaffen verwendet werden. Schließlich muss erwähnt werden, dass im Falklandkrieg von Argentinien zwei U-Boote der Klasse 209 eingesetzt wurden. Eines davon konnte sogar einen Torpedofächer auf den britischen Flugzeugträger »HMS Invincible« abfeuern, der nur aufgrund von Bedienfehlern der Besatzung sein Ziel nicht traf.

Außenluftunabhängig ohne Atomkraft: Walter-Turbine und Brennstoffzelle als U-Boot-Antrieb

Die Idee eines außenluftunabhängigen Antriebes existiert so lange wie der moderne U-Boot-Bau. Schon die Batterie gewährte eine gewisse Freizügigkeit bei der Unterwasserfahrt, musste jedoch zu häufig nachgeladen werden, was wiederum Sauerstoff für die Motoren erforderte. Das von Hellmuth Walter erdachte Verfahren galt in der Zeit des Zweiten Weltkrieges als vielversprechend und wurde umfangreich gefördert. Die Boote kamen über das Versuchsstadium nicht hinaus, inspirierten mit ihrer auf Unterwasserfahrt ausgelegten Form aber den weiteren U-Boot-Bau, nicht nur in Deutschland. Mit dem Atomantrieb konnten die USA 1955 das erste U-Boot präsentieren, dass den Anforderungen eines außenluftunabhängigen Antriebes wirklich gerecht wurde. 1958 demonstrierte die »Nautilus« ihre Leistungsfähigkeit, als sie den Nordpol getaucht unterquerte. Innerhalb weniger Jahre entstanden große Flotten dieser U-Boote, deren Fähigkeiten von der U-Jagd bis zum Atomschlag reichen.

Obwohl in Deutschland in den 1950er Jahren mit solchen Booten geliebäugelt wurde, waren sie doch völlig unrealistisch. Die Tonnagebeschränkungen der WEU erlaubten die benötigte Größe nicht, zudem hatte sich die Bundesrepublik verpflichtet, Kernforschung nur für friedliche Zwecke zu betreiben. So rückten erst der Walter-Antrieb, schließlich die Brennstoffzelle in den Fokus, als die Bundesmarine größere U-Boote anstrebte, die speziell zur U-Jagd gebaut werden und über größere Tauchtiefen, Fahrbereiche und Unterwassergeschwindigkeiten verfügen sollten als die bisher gebauten Boote der Klasse 205. 1965 legte der Bundestag für die U-Boote eine Sollstärke von 30 Booten fest, wovon sechs Boote für spezielle U-Jagdaufgaben gebaut und entsprechend größer werden sollten. Da inzwischen entwickelte U-Jagd-Torpedos jedoch auch die bereits vorhandenen U-Boote aufwerteten und da mit der Klasse 209 ein Boot existierte, dass den Anforderungen an ein Jagd-U-Boot schon deutlich mehr entsprach, wurden

Bis heute sind der Bau, die Modernisierung und die Instandsetzung wichtige Geschäftsfelder der Kieler Werften; hier die Umsetzung eines zur Modernisierung bestimmten U-Bootes der Klasse 206 durch einen Schwimmkran im April 1989. (Foto Dagge)

die Entwicklungsarbeiten an einem eigenständigen Typ immer wieder nach hinten geschoben. In den 1970er Jahren bestand die Bundesmarine ausschließlich aus Booten der Klassen 205 und 206. Etwa 20 Jahre lang lief auch kein Neubau der Flotte zu, was dazu führte, dass die Werften sich wieder mehr dem Exportgeschäft zuwenden mussten. Erfahrungen aus den für das Ausland entwickelten Typen kamen jedoch auch dem neuen Bootstyp zugute.

Als in den 1980er Jahren schließlich die Klasse 212 entwickelt wurde, entsprachen die Anforderungen den Erfordernissen des Kalten Krieges: Das Boot sollte in der Lage sein, gegen Landungsverbände zu kämpfen, U-Jagd-Aufgaben wahrzunehmen, Gebietssicherung zu übernehmen und dabei flexibel von der Ostsee bis zum Nordmeer operieren können. Auch Flachwasserpassagen sollte das Boot getaucht meistern. Die Notwendigkeit zum Schnorcheln sah man inzwischen als Manko an, da der Schnorchel eine Radarsignatur besaß und die Abgase ebenfalls geortet werden konnten. So war ein alternativer Antrieb unausweichlich. Dieser wurde mit der Brennstoffzelle erreicht, die in einem chemischen Verfahren aus Wasserstoff und Sauerstoff Strom erzeugt. Das Prinzip ist seit dem 19. Jahrhundert bekannt, hatte sich gegenüber Verbrennungskraftmaschinen jedoch nicht durchsetzen können. Während der langen Entwicklung der Klasse 212 – vom Beschluss bis zum Stapellauf des ersten Bootes sollten 15 Jahre vergehen – hatte sich das Anforderungsprofil wieder geändert. 1994 wurden dem Boot allgemein die europäischen Seegebiete und der Nordatlantik als Operationsgebiet zugewiesen. Aufklärungsaufgaben und das Binden gegnerischer Kräfte sowie das allgemeine Bekämpfen von Überwasserzielen kamen als neue Aufgaben hinzu. Inzwischen war die Sowjetunion zusammengebrochen und der Kalte Krieg vorerst beendet.

Die Boote der Klasse 212A, wie sie inzwischen heißt, sind in der Lage, wochenlang getaucht zu operieren, ohne dass ein Schnorcheln notwendig ist. Der Antrieb ist dabei als Hybrid ausgelegt. Da die Brennstoffzelle nicht genügend Energie für hohe Fahrstufen liefert, ist eine konventionelle Fahrbatterie verbaut, die entweder mit Dieselgeneratoren oder eben der Brennstoffzelle geladen wird. Als Hauptbewaffnung sind nach wie vor Torpedos vorgesehen, die drahtgelenkt sind. Modernste akustische und nicht-akustische Sensoren wie Hochleistungs-Periskope und Satellitenkommunikation erlauben ein weites Einsatzspektrum. Parallel wurde aus der Klasse 212A ein etwas größerer Typ für den Export abgeleitet, der als Klasse 214 bisher für Südkorea, die Türkei und Griechenland gebaut wurde. Neben der Bundesmarine verwendet auch die Italienische Marine die Klasse 212A, an deren Weiterentwicklung das Land seit 1996 beteiligt ist. Die italienischen Boote wurden in La Spezia gebaut, das letzte von vieren konnte 2017 in Dienst gestellt werden.

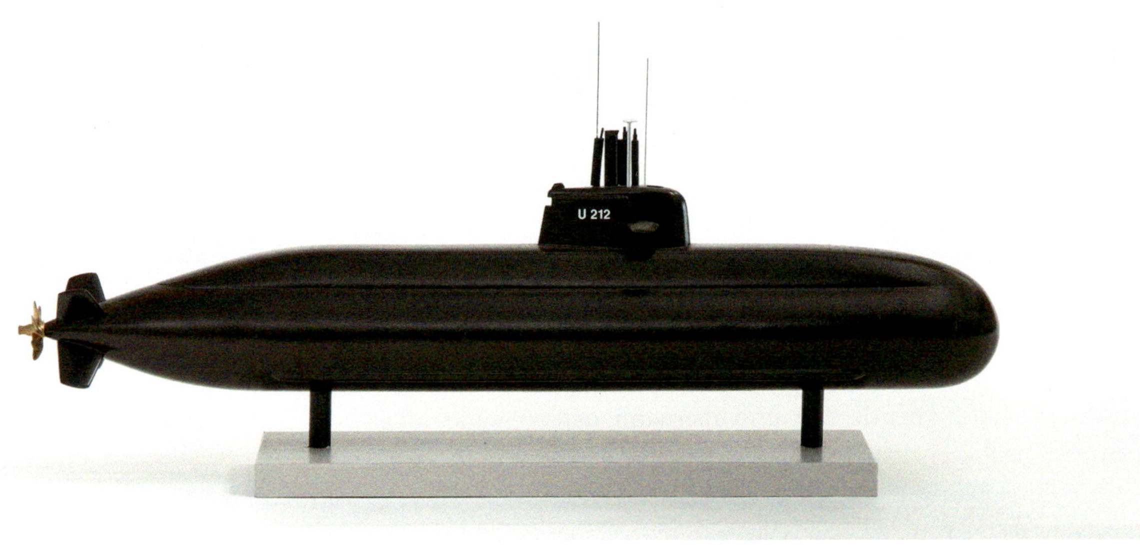

Zwei U-Boot-Modelle aus der Sammlung des Kieler Schifffahrtsmuseums (Modellbau Sellmer 1998 und 2003) der diesel-elektrischen »Dolphin«-Klasse für die israelische Marine sowie der seit Ende der 1990er Jahre gebauten Klasse »212A« mit außenluftunabhängigem Antrieb auf Basis der Brennstoffzelle, die von der deutschen und der italienischen Marine vor allem für die Aufklärung eingesetzt wurden. Beide Typen wurden kooperativ von HDW in Kiel und den Thyssen Nordseewerken in Emden hergestellt.

Ausblick: U-Boote in der Bundesmarine nach dem Ende des Kalten Krieges

Auf den ersten Blick wirkt die Geschichte des deutschen U-Boot-Baus seit dem Zweiten Weltkrieg wie eine spektakuläre Erfolgsgeschichte. Schon die letzten Elektroboote der Kriegsmarine hatten als wegweisend gegolten und ihre Form fand sich deutlich oder weniger deutlich in vielen konventionellen U-Booten anderer Marinen wieder. Trotz der Krise durch den fehlerhaften amagnetischen Stahl konnte sich Deutschland schon in den 1960er Jahren eine Führungsposition im Bau nicht-nuklearer U-Boote erarbeiten. Möglicherweise hatte diese Krise auf den Export sogar eine positive Wirkung, da die Werften gezwungen waren, nach der Annullierung einiger Bundesmarine-Aufträge, sich mehr auf diesen Geschäftszweig zu konzentrieren. Um diese Rolle zu verteidigen, schreckte die Politik auch vor hohen Subventionen nicht zurück, wie etwa für die Boote der Marine Israels. Inzwischen ist in Kiel das gesamte Know How im deutschen U-Boot-Bau gebündelt. HDW wurde 1993 erst Eigner des IKL und übernahm das Entwicklungsbüro schließlich ganz. 2000 wurde der Standort in Lübeck aufgegeben und das Büro bezog neue Räumlichkeiten in Kiel. Die Werft trat somit erfolgreich das Erbe der Germaniawerft an. Erst 2017 wurde eine Kooperation zwischen Deutschland und Norwegen bekannt, die auf eine Bestellung von mindestens vier weiteren Booten einer modifizierten Klasse 212 abzielt. Die Fortdauer der Kieler Erfolgsgeschichte scheint gesichert. Auch die U-Boot-Waffe der Bundesmarine hatte einen geradezu legendären Ruf. Den Booten der Klasse 206 sagte man nach, dass sie in der Lage waren, sich unbemerkt an der Sicherung vorbei an amerikanische Flugzeugträger heranzupirschen. Von der Klasse 212 erwartete man ähnliche Leistungen.

Die neuen Brennstoffzellen-Boote gerieten nach anfänglicher Euphorie jedoch mehrfach in die Kritik. Erst im April 2018 bezeichnete ein Spiegel-Artikel die deutsche U-Boot-Waffe als »Geisterflotte«, da keines der sechs Boote einsatzbereit sei. Schon 2015 erregte ein Artikel des Magazins Aufsehen, der erhebliche Mängel an den ausgelieferten Booten öffentlich machte. Die allgemein bekannten Probleme der Bundeswehr – Missmanagment und Sparzwang – haben inzwischen offenbar auch die U-Boote voll getroffen. Als vordringlichstes Problem wird die Versorgung mit Ersatzteilen angegeben, die aus Sparsamkeit nicht mehr gewährleistet ist. Da die U-Boot-Waffe nur über wenige Boote verfügt, können auch keine Teile vorübergehend von einem anderen Boot ausgebaut werden, wie das früher zuweilen gehandhabt wurde. Die zunehmende Komplexität moderner Waffensysteme hat die benötigten Werftaufenthalte zudem deutlich verlängert. Gleichzeitig konkurriert die Marine mit den Exportaufträgen, da es keine marineeigenen Werften mehr gibt und die Boote sich so der Belegung der Liegeplätze nach Auftragslage unterordnen müssen.

Gleichzeitig haben sich die Anforderungen an moderne U-Boote seit dem Ende des Kalten

Krieges gewandelt und tun es immer noch. Anti-Terror-Einsätze und Piraterie bestimmten das Einsatzspektrum nach dem 11. September 2011. Inzwischen scheint der Kalte Krieg wieder zurückzukehren und moderne U-Boote werden wieder in der Ostsee benötigt, um etwa Seewasserkabel vor russischer Infiltration zu schützen. Welche Aufgabe deutschen U-Booten künftig übertragen werden und ob sie zumindest in der Deutschen Marine überhaupt eine Zukunft haben, ist schwer abzuschätzen. Die Schnellboote wurden jedenfalls abgeschafft, Zerstörer ebenso. Will man einen groben Trend im deutschen Kriegsschiffbau beschreiben, so weist dieser auf immer komplexere, für möglichst viele Anforderungen geschaffene Kriegsschiffe hin. Er bewegt sich weg von der Spezialisierung, was schon bei der Klasse 212A dazu führte, dass ihr während der Entwicklung mehr und mehr Anforderungen aufgebürdet wurden. Die offensichtlichen Probleme bei nahezu allen aktuellen Waffensystemen der Marine mögen jedoch auch zu einem kompletten Umdenken und einer Rückkehr in die Spezialisierung führen.

Kiel als Standort des U-Boot-Baus scheint durch die glänzenden Exportaussichten gut gerüstet für die Zukunft, zumal nach der Schließung der Emdener Nordseewerke die Kieler Werft Thyssen Krupp Marine Systems, ehemals HDW, nun als einzige noch in diesem Bereich aktiv ist. Sollte die Deutsche Marine sich jedoch von dem Seekriegsmittel U-Boot trennen, würde sich das sicher auch auf die Auftragsbücher dort auswirken. Ein deutsches U-Boot, das von den eigenen Seestreitkräften nicht benutzt wird, dürfte weniger attraktiv wirken und nähme den Werften die Möglichkeit der Erprobung und Weiterentwicklung. Zurzeit ist dies nicht wahrscheinlich und somit wird das U-Boot wohl auch künftig mit der Geschichte der Stadt Kiel verbunden bleiben.

Literaturverzeichnis

Wer sich wissenschaftlich fundiert über die Geschichte der deutschen U-Boote informieren will, der findet einen gewaltigen, jedoch heterogenen Literaturkanon vor. Eine aktuelle Gesamtdarstellung des U-Boot-Krieges nach modernen wissenschaftlichen Maßstäben ist für beide Weltkriege ein Desiderat der Forschung. Für den Ersten Weltkrieg sind die von Arno Spindler in den 1930er Jahren erstellten Bände aus der Reihe »Der Krieg zu See« nach wie vor eine unverzichtbare Quelle, obwohl sie nachweislich tendenziös und unvollständig sind. Die Schlacht im Atlantik ist partiell hervorragend erforscht, doch sind auch große Lücken zu erkennen. Besonders der Zusammenbruch des U-Boot-Krieges nach dem »schwarzen Mai« 1943 und die Folgen sind nur dünn beschrieben. Die U-Boot-Waffe der Bundesmarine ist technisch gut dokumentiert, über ihre Einsätze findet sich jedoch gleichfalls kaum Material. Diesem unausgewogenen Angebot an wissenschaftlicher Literatur steht eine Fülle von Romanen, Biografien, Sachbüchern und so genannten Tatsachenberichten gegenüber, besonders aus und über die Zeit des Zweiten Weltkrieges. Lange waren offizielle Akten zum U-Boot-Krieg in Großbritannien eingelagert und unterlagen der Geheimhaltung, was das Feld erst für Memoiren und andere Publikationen ehemaliger Kommandanten, Besatzungsmitglieder und Kriegsberichterstatter öffnete, die auch heute noch ihr Publikum zu finden scheinen. Ihre Deutungshoheit hält bis heute an und kann nur Stück für Stück durch neuere Forschung aufgebrochen werden. Im Folgenden sind nur einige der wichtigsten Veröffentlichungen zur Geschichte der deutschen U-Boote aufgelistet, da eine Bibliographie den Rahmen dieser Arbeit sprengen würde.

Blair, Clay: Der U-Boot-Krieg, 2 Bände, Augsburg 1996.

Bohn, Robert/Odde, Markus: U-Boot-Bunker »Kilian«. Kieler Hafen und Rüstung im Nationalsozialismus, Bielefeld 2003.

Dönitz, Karl: Mein wechselvolles Leben, Göttingen u.a. 1968.

Ders.: Deutsche Strategie zur See im Zweiten Weltkrieg. Die Antworten des Großadmirals auf 40 Fragen, Frankfurt a.M. 1972.

Ders.: Zehn Jahre und zwanzig Tage. Erinnerungen 1935–1945, Bonn 1997.

Dülffer, Jost: Weimar, Hitler und die Marine. Reichspolitik und Flottenbau 1920 bis 1939, Düsseldorf 1973.

Epkenhans, Michael/Huck, Stephan (Hrsg.): Der Erste Weltkrieg zur See, Berlin/Boston 2017.

Franken, Klaus: Vizeadmiral Karl Galster. Ein Kritiker des Schlachtflottenbaus der Kaiserlichen Marine, Bochum 2011.

Gannon, Michael: Schwarzer Mai. Die Entscheidung im U-Boot-Krieg, Berlin 1999.

Hadley, Michael L.: Der Mythos der deutschen U-Bootwaffe, Hamburg u.a. 2001.

Huck, Stephan u.a. (Hrsg.): 100 Jahre U-Boote in deutschen Marinen. Ereignisse – Technik – Mentalitäten – Rezeption, Bochum 2011.

Kinzler, Sonja/Tillmann, Doris (Hrsg.): Die Stunde der Matrosen. Kiel und die deutsche Revolution 1918, Darmstadt 2018.

Merten, Karl-Friedrich/Baberg, Kurt: Wir U-Boot-Fahrer sagen »Nein! So war das nicht!« Eine »Anti-Buchheim-Schrift«, Großaitingen 1986.

Mulligan, Timothy O.: Neither Sharks nor Wolves. The men of Nazi Germany's U-Boat-Arm 1939–1945, Annapolis 1999.

Ostersehlte, Christian: Schiffbau in Kiel. Kleine Werftengeschichte von den Anfängen bis zur Gegenwart, Husum 2014.

Ders.: Von Howaldt zu HDW. 165 Jahre Entwicklung von einer Kieler Eisengießerei zum weltweit operierenden Schiffbau- und Technologiekonzern, Hamburg 2004.

Rackwitz, Martin: Kiel 1918. Revolution – Aufbruch zu Demokratie und Republik, Kiel 2018.

Rahn, Werner (Hrsg.): Deutsche Marinen im Wandel. Vom Symbol nationaler Einheit zum Instrument internationaler Sicherheit, München 2005.

Rössler, Eberhardt: Geschichte des deutschen U-Bootbaus, 2 Bände, Augsburg 1996.

Rojek, Sebastian: Versunkene Hoffnungen. Die Deutsche Marine im Umgang mit Erwartungen und Enttäuschungen 1871-1930, Berlin/Boston 2017.

Salewski, Michael: Von der Wirklichkeit des Krieges. Analysen und Kontroversen zu Buchheims »Boot«, München 1986.

Techel, H.: Der Bau von Unterseebooten auf der Germaniawerft, Berlin 1922 (Reprint von 1986).